Excel数据分析大百科全书 | 基础篇

韩小良 ○ 著

效率是这样练成的
Excel高效数据处理与分析
▶ 案例视频精华版

中国水利水电出版社
www.waterpub.com.cn
· 北京 ·

内 容 提 要

Excel是职场中不可或缺的数据处理和数据分析工具,如何快速掌握Excel、用好Excel、制作有说服力的分析报告,是本书的重点内容。

本书共8章,结合了105个实际案例,从案例的剖析开始,纠正日常使用Excel的不良习惯,了解和掌握Excel真正的核心技术。包括Excel的基本规则、表单设计、数据的快速整理与规范、常用函数应用、数据透视表快速分析数据、快速汇总大量工作簿和工作表等。本书所有的案例都是作者培训咨询第一线的实际案例,具有较高的实用价值,不仅能够快速提高读者的Excel应用能力,提升日常办公效率,还能系统地训练读者的逻辑思路。

本书还录制了详细完整的教学视频,共172节视频,时长393分钟(6小时33分钟),对Excel的几乎所有重要知识点和案例进行详细的讲解,手机扫描书中二维码,可以随时观看学习。还赠送30个函数综合练习资料包、75个分析图表模板资料包、《Power Query自动化数据处理案例精粹》电子书等资源,帮助大家开阔眼界,借鉴参考。

本书适合企事业单位的管理层人员阅读,也可作为大专院校本科生、研究生和MBA学员的教材或参考书,还可作为各类培训班学习Excel的参考资料。

图书在版编目(CIP)数据

效率是这样练成的:Excel 高效数据处理与分析:
案例视频精华版 / 韩小良著 . -- 北京:中国水利水电
出版社,2025.4. --(Excel 数据分析大百科全书).
ISBN 978-7-5226-3033-5

I. TP391.13

中国国家版本馆 CIP 数据核字第 202528SL94 号

丛 书 名	Excel数据分析大百科全书
书　　名	效率是这样练成的:Excel高效数据处理与分析(案例视频精华版) XIAOLÜ SHI ZHEYANG LIANCHENG DE Excel GAOXIAO SHUJU CHULI YU FENXI (ANLI SHIPIN JINGHUABAN)
作　　者	韩小良　著
出版发行	中国水利水电出版社 (北京市海淀区玉渊潭南路1号D座 100038) 网址:www.waterpub.com.cn E-mail:zhiboshangshu@163.com 电话:(010)62572966-2205/2266/2201(营销中心)
经　　售	北京科水图书销售有限公司 电话:(010)68545874、63202643 全国各地新华书店和相关出版物销售网点
排　　版	北京智博尚书文化传媒有限公司
印　　刷	北京富博印刷有限公司
规　　格	170mm×240mm　16开本　15.75印张　302千字
版　　次	2025年4月第1版　2025年4月第1次印刷
印　　数	0001—3000册
定　　价	79.80元

凡购买我社图书,如有缺页、倒页、脱页的,本社营销中心负责调换
版权所有·侵权必究

前 言 PREFACE

在职场中，Excel 已经是必备的办公工具之一。很多人每天上班的第一件事，就是打开电脑，打开 Excel 表格，然后开始处理各种数据。但是，大多数人对 Excel 的使用是随心所欲的，想怎么做就怎么做，全然不理会 Excel 的各种应用规则，结果就是将自己培养成了表格的"杀手"：任意地画线条，任意地输入数据，任意地设计表格……就像一个人在马路上开车，眼里没有交规，没有前后左右路况，想怎么开就怎么开。即使这样，很多人认为，自己已经使用了多年的 Excel，没什么难的。然而，看看这些人做的表格，只能送其一个字：乱！

更多的 Excel"小白"们，对于 Excel 的学习和使用更加迷茫。不知道怎么设计表单，不知道如何运用函数，不知道怎么做数据分析，结果是每天花很多时间去网上搜索小窍门、小技巧，但大量的没有关联的碎片化的知识，让自己都找不到头绪了，最后还是不知道如何高效处理数据，如何快速制作有说服力的分析报告。

其实，Excel 并不是大多数人想象的那样，仅仅是一个电子表格软件，而是一个有很强逻辑的数据管理和数据分析工具。但是，很多人并没有把 Excel 真正运用起来，甚至连最基本的功能都没有掌握，导致数据处理效率低下，制作的分析报告既没有深度，也没有说服力，原因是什么呢？

笔者拥有 20 余年的 Excel 培训和咨询实践经验，举办过数千场的大型公开课和精品小班高端课，给上千家企业举办了个性化内训，为数百家企业做了数据分析咨询，开展过网络直播授课，也陆续出版了 40 余部 Excel 专著。笔者越发强烈地感觉到，Excel 的数据处理分析功能越来越强大，但是国内的绝对多数人仍旧是加班加点地手工处理数据，实在让人匪夷所思。

那么，如何快速掌握 Excel 工具，从此脱离数据苦海，走出数据泥潭呢？仅仅参加一两次公开课学习是远远不够的，碎片式地学习小技巧更是远远不够的，我们需要的是系统地、进阶地学习和应用 Excel，以用促学，学以致用，并勤于思考，彻底掌握 Excel 的精髓——逻辑思考。

自始至终，Excel 的应用都充满了逻辑思考。即使是一个小技巧，也有其应用的场合和逻辑。本书一直贯彻着这样一个理念：Excel 是有规律可循的，依照方法做表格，依照方法写报告。Excel 使用的秘诀就是四个字：逻辑思路。

● **本书特点**

视频讲解：本书录制了详细完整的教学视频，共 172 节视频，时长总计 393 分钟，对 Excel 的每个知识点、每个案例进行了详细讲解。手机扫描书中二维码，可以随时观看学习。

案例丰富：本书提供了 105 个实际案例，通过这些案例来学习 Excel，即可快速掌握 Excel 的相关知识和技能，并将这些技能和技巧应用到实际数据处理中，快速提升工作效率。

逻辑思路：本书不仅仅讲解 Excel 本身，更重要的是介绍每个技能、每个函数公式、每个表格背后的逻辑思维，从根本上解决利用 Excel 进行数据管理和数据分析的瓶颈，知其然更知其所以然。

在线交流：本书提供 QQ 学习群，在线交流 Excel 学习心得，解决实际工作中的问题。

● **本书内容安排**

本书共 8 章，从 Excel 的基本理念开始，用 3 章的篇幅介绍 Excel 的基本规则和基础表单的标准化和规范化，这是极其重要的。任何一个 Excel "小白"都不能跨过这一步！即使已经有了所谓 Excel 基础的人，也应认真学习。然后是 Excel 常用工具、函数和透视表基本应用的介绍，以及如何利用这些工具技能来解决实际问题。

第 1 章通过几个实际表格的剖析，揭示大多数人在使用 Excel 时常犯的错误，指出数据处理效率低下的根本原因，从数据管理逻辑度说明设计科学规范基础表单的重要性，在实际工作中，要严格区分基础表单和分析报告，而不是大而全的、逻辑性很差甚至没有逻辑的表格。

第 2 章介绍设计 Excel 基础表单的实用技能和技巧，包括表单结构的设计规则、表单数据的输入规则、高效规范输入数据的数据验证规则，以及快速输入数据的常用技能和技巧，最后介绍一个表单设计的综合练习，带读者体验从无到有、从随意到严谨、从科学数据管理到发挥数据分析作用的、真正的 Excel 应用。

第 3 章介绍日常数据整理的实用技能和技巧。我一直在强调，低效率源于数据的不规范，整理不规范表格数据几乎占用了我们每天工作的大部分时间，如：整理数据包括修改非法日期、转换数字格式、清除数据垃圾、快速数据分列、删除空行空列、填充空单元格、表格结构转换等。本章将结合大量案例来介绍这些不规范数据及表格的快速且高效的整理方案。

第 4 章介绍在实际数据处理和分析中常用的函数公式，重点不是函数语法，而是使用函数公式解决实际问题的逻辑思路，这才是学习和应用 Excel 函数公式的重中之重。本章将结合大量案例，重点讲解函数公式的基本规则、创建嵌套函数公式的实用技能技巧、逻辑判断函数、日期函数、文本函数、计数函数、求和函数、查找引用函数等常用函数的应用技能。

第 5 章介绍数据透视表在数据分析中的主要应用技能和技巧,通过拖放字段快速制作各种统计分析报告,包括数据透视表的制作方法,数据透视表分析数据的主要方法和技能技巧,以及利用数据透视表汇总工作表、制作明细表、核对数据的实际应用与实用技能。

第 6 章介绍从工作表中高效查找数据的实用技能和技巧,以及快速汇总大量工作表的实际案例和技能技巧,从繁琐重复的复制粘贴变为一键完成合并汇总。

第 7 章重点介绍表格格式设置、美化表格的三大法宝,包括表格的美化原则、套用表格样式快速设置格式、使用自定义数字格式突出重点信息并增强表格阅读性、使用条件格式跟踪数据等。

第 8 章结合指纹考勤数据统计分析和销售统计分析两个实际案例,综合运用本书前面学到各种知识和技能技巧,完成从原始数据到统计报告的跨越,测试自己解决问题的能力,查漏补缺,进一步提升 Excel 水平。

本书介绍的大量实际案例,都是来自于作者的培训第一线,具有非常大的实用价值,大部分案例实际上就是现成的模板,拿来即可应用,并能迅速提高工作效率。

● 本书目标读者

本书是学习运用 Excel 的必备基础书,不仅介绍函数和技能技巧,更将帮助大家从根本上树立正确理念,培养数据管理和数据分析的基本逻辑思维。本书适合希望开始学习应用 Excel 的各类读者,也适合具备一定 Excel 基础、需要再巩固加深并提升 Excel 应用技能的各类读者,也可以作为各类培训班学习 Excel 的参考资料。

● 本书赠送资源

配套资源

免费教学视频:本书包含 172 集总计 393 分钟的教学视频,扫描书中二维码,可以随时观看学习。

全部实际案例:本书全部实际案例素材,可按照下面方式获取。

拓展学习资源

30 个函数综合练习资料包

75 个分析图表模板资料包

《Power Query 自动化数据处理案例精粹》电子书

《Power Queny-M 函数速查手册》电子书

《Power Pivot DAX 表达式速查手册》电子书

《Excel 会计应用范例精解》电子书

《Excel 人力资源应用案例精粹》电子书

《新一代 Excel VBA 销售管理系统开发入门与实践》电子书
《EXCEL VBA 行政与人力资源管理应用案例详解》电子书

● **资源获取方式**

读者可以扫描下面的二维码，或在微信公众号中搜索"办公那点事儿"，关注后发送"EX30335"到公众号后台，获取本书资源下载链接。将该链接复制到计算机浏览器的地址栏中（一定要复制到计算机浏览器的地址栏，在电脑端下载，手机不能下载，也不能在线解压，没有解压密码），根据提示进行下载。

读者也可加入本书 QQ 交流群 924512501（若群满，会创建新群，请注意加群时的提示，并根据提示加入对应的群），读者也可互相交流学习经验，作者也会不定期在线答疑解惑。

韩小良

目 录 CONTENTS

第1章 告"小白"书：Excel应该怎么用 / 1

- 1.1 实际Excel表格 ··· 1
  - 1.1.1 实际案例1：收款和支款的核对 ·· 1
  - 1.1.2 实际案例2：社保公积金汇总 ·· 1
  - 1.1.3 实际案例3：产品统计汇总 ··· 2
  - 1.1.4 实际案例4：员工信息分析 ··· 2
  - 1.1.5 评语：表不是表，数不是数 ·· 2
- 1.2 不知不觉中，我们很多人变成了表格"杀手" ·· 3
  - 1.2.1 把 Excel 当成了 Word 来用 ·· 3
  - 1.2.2 设计的 Excel 表单毫无逻辑性 ··· 5
  - 1.2.3 数据输入很不规范 ··· 5
  - 1.2.4 表格"杀手"无处不在 ··· 5
- 1.3 不得不说的Excel重要规则 ··· 6
  - 1.3.1 要严格区分基础表单和分析报告 ··· 6
  - 1.3.2 基础表单要科学，有逻辑，数据要规范 ······································· 6
  - 1.3.3 分析报告不仅仅是汇总，更是问题的揭示 ···································· 7
  - 1.3.4 基础表单和分析报告一定要分开 ·· 7
  - 1.3.5 低效率来源于表单不规范 ··· 8
- 1.4 学用Excel的秘籍：培养自己的逻辑思路 ··· 8
- 1.5 Excel的逻辑思路 ·· 9

第2章 Excel基础表单设计技能训练 / 10

- 2.1 表单结构的设计规则 ·· 10
  - 2.1.1 表单结构设计要考虑的规则 ··· 10

    2.1.2　一张表还是几张表 ··· 11
    2.1.3　哪些做法是不允许的 ··· 11
2.2　表单数据的输入规则 ·· 12
    2.2.1　文本数据 ··· 12
    2.2.2　日期和时间 ·· 12
    2.2.3　数字 ·· 14
2.3　使用数据验证控制规范数据输入 ······································· 15
    2.3.1　数据验证在哪里 ··· 15
    2.3.2　只能输入整数 ·· 16
    2.3.3　只能输入小数 ·· 17
    2.3.4　只允许输入固定期间的日期 ·· 18
    2.3.5　只允许输入当天的日期 ··· 18
    2.3.6　只允许输入当天以前的日期 ·· 19
    2.3.7　只允许输入当天以前一周内的日期 ································ 19
    2.3.8　只允许输入当天以前的本月日期 ··································· 20
    2.3.9　只允许输入规定的时间 ··· 20
    2.3.10　只允许输入规定长度的数据 ······································· 21
    2.3.11　在单元格制作基本的下拉菜单 ···································· 22
    2.3.12　在单元格制作二级下拉菜单 ······································· 23
    2.3.13　控制不能输入重复数据 ·· 26
    2.3.14　只能输入等于或大于前面单元格的日期 ························· 28
    2.3.15　当特定单元格输入数据后才可输入数据 ························· 28
    2.3.16　上一行单元格全部输入数据后才能在下一行输入新数据 ······ 30
    2.3.17　必须满足多个条件才能输入数据 ·································· 31
    2.3.18　清除数据验证 ··· 32
    2.3.19　数据验证的几个注意点 ·· 33
2.4　使用函数自动输入基本数据 ·· 33
    2.4.1　从已输入的基本数据中提取和计算重要数据 ····················· 33
    2.4.2　从基本资料表中查询获取数据 ····································· 35
    2.4.3　根据条件输入数据 ·· 36
2.5　使用智能表格自动复制公式 ·· 36
    2.5.1　如何创建智能表格 ·· 36
    2.5.2　表单中间插入行时，公式会自动复制 ····························· 37
    2.5.3　表单底部输入新数据时，可以调整表格大小来自动复制公式 ·· 38
    2.5.4　先创建智能表格，后做的公式是什么样的 ························ 38
2.6　快速输入数据的常用技巧 ··· 38
    2.6.1　快速输入当前日期 ·· 38

2.6.2　快速输入当前时间 …………………………………………… 38
　　2.6.3　快速输入当前完整的日期和时间 ……………………………… 39
　　2.6.4　快速输入上一个单元格数据 …………………………………… 39
　　2.6.5　快速输入左边单元格数据 ……………………………………… 39
　　2.6.6　快速批量输入相同数据 ………………………………………… 39
　　2.6.7　快速输入企业内部规定的序列数据 …………………………… 39
　　2.6.8　建立简拼词典并快速输入数据 ………………………………… 41
　　2.6.9　通过自动填充选项快速输入特殊的序列数据 ………………… 42
　　2.6.10　通过公式快速输入特殊的序列数据 ………………………… 42
　　2.6.11　利用快速填充工具高效输入数据 …………………………… 43
　　2.6.12　在单元格分行输入数据 ……………………………………… 43
2.7　设计基础表单综合练习 ………………………………………………… 44
　　2.7.1　表单字段详细描述 ……………………………………………… 44
　　2.7.2　表格架构设计 …………………………………………………… 44
　　2.7.3　规范工号的输入 ………………………………………………… 44
　　2.7.4　规范姓名的输入 ………………………………………………… 45
　　2.7.5　快速输入部门名称 ……………………………………………… 46
　　2.7.6　快速输入学历名称 ……………………………………………… 46
　　2.7.7　快速输入婚姻状况 ……………………………………………… 46
　　2.7.8　输入不重复的 18 位身份证号码 ……………………………… 46
　　2.7.9　自动输入性别 …………………………………………………… 47
　　2.7.10　自动输入出生日期 ……………………………………………… 47
　　2.7.11　自动计算年龄 …………………………………………………… 47
　　2.7.12　规范输入入职时间 ……………………………………………… 47
　　2.7.13　自动计算本公司工龄 …………………………………………… 47
　　2.7.14　保证员工基本信息的完整性 …………………………………… 48
　　2.7.15　创建智能表格 …………………………………………………… 48
　　2.7.16　数据输入与数据维护 …………………………………………… 48

第3章　现有表格数据的快速整理与规范　/ 49

3.1　修改非法日期 ……………………………………………………………… 49
　　3.1.1　如何判断是否为真正的日期和时间 …………………………… 49
　　3.1.2　修改非法日期的最简便、最实用的方法 ……………………… 50
　　3.1.3　六位数字的非法日期 …………………………………………… 51
　　3.1.4　八位数字的非法日期 …………………………………………… 52
　　3.1.5　句点分隔年月日的非法日期 …………………………………… 53

- 3.1.6 年月日次序的文本格式日期 53
- 3.1.7 月日年次序的文本格式日期 54
- 3.1.8 日月年次序的文本格式日期 54
- 3.1.9 非法时间的处理 55

3.2 转换数字格式 56
- 3.2.1 快速辨认纯数字和文本型数字 56
- 3.2.2 文本型数字能计算吗 57
- 3.2.3 将文本型数字转换为纯数字的六大法宝 57
- 3.2.4 将纯数字转换为文本型数字编码的两大法宝 60
- 3.2.5 小数点和千分位符位置颠倒，使表格无法计算了 62
- 3.2.6 如何将 Word 表格的长编码（如身份证号码）复制到 Excel 63

3.3 清除数据中隐藏的垃圾 64
- 3.3.1 清除数据中的空格 64
- 3.3.2 清除单元格中的回车符 65
- 3.3.3 清除数据中眼睛看不见的特殊字符 65

3.4 数据分列的两大利器 66
- 3.4.1 分列工具：根据一个常规分隔符号分列数据 66
- 3.4.2 分列工具：根据一个特殊符号分列数据 69
- 3.4.3 分列工具：根据多个分隔符号分列数据 69
- 3.4.4 分列工具：根据固定宽度分列数据 70
- 3.4.5 函数公式：根据固定位置分列数据 72
- 3.4.6 函数公式：根据变动位置分列数据 72
- 3.4.7 函数公式：分列汉字和数字 74
- 3.4.8 函数公式：分列字母和数字 75
- 3.4.9 函数公式：逻辑稍微复杂点的分列 76
- 3.4.10 快速填充：Excel 2016 新增的智能工具 77

3.5 删除表格中的垃圾行 77
- 3.5.1 快速删除表单中的空行 77
- 3.5.2 快速删除小计行 79
- 3.5.3 删除重复数据 80

3.6 填充单元格，确保数据的完整性 81
- 3.6.1 处理并填充合并单元格 81
- 3.6.2 快速填充空单元格为上一行数据 82
- 3.6.3 快速填充空单元格为下一行数据 83
- 3.6.4 快速往空单元格输入零 83

3.7 表格结构的转换 84
- 3.7.1 行列互换位置 84

- 3.7.2 将二维表格转换为一维表格：数据透视表方法 85
- 3.7.3 将二维表格转换为一维表格：Power Query 方法 86
- 3.8 数据整理规范问题 88
  - 3.8.1 数据合并 88
  - 3.8.2 快速批量修改数据 89
  - 3.8.3 复制可见单元格数据 90

第4章 彻底掌握并熟练运用常用的几个函数 / 92

- 4.1 熟悉而陌生的公式 92
  - 4.1.1 什么是公式 92
  - 4.1.2 公式的元素 92
  - 4.1.3 公式的运算符 93
  - 4.1.4 公式中的常量 94
  - 4.1.5 公式中的标点符号 94
  - 4.1.6 单元格引用方式 94
  - 4.1.7 复制公式时的要点 95
- 4.2 好好地认识函数 96
  - 4.2.1 什么是函数 96
  - 4.2.2 函数的基本语法 96
  - 4.2.3 函数参数的类型 97
  - 4.2.4 培养输入函数的好习惯 98
- 4.3 创建公式的实用技能技巧 98
  - 4.3.1 快速输入函数 98
  - 4.3.2 创建嵌套函数公式的利器：名称框 99
  - 4.3.3 创建嵌套函数公式的核心技能：逻辑流程图 100
  - 4.3.4 创建嵌套函数公式的实用技能之一："函数参数"对话框 + 名称框 102
  - 4.3.5 创建嵌套函数公式的实用技能之二：分解综合法 105
  - 4.3.6 必须熟练运用的函数 107
- 4.4 常用日期函数 108
  - 4.4.1 TODAY 函数：获取当天日期 108
  - 4.4.2 EDATE 函数：计算到期日 108
  - 4.4.3 DATEDIF 函数 109
- 4.5 常用文本函数 110
  - 4.5.1 LEFT 函数：从字符串左侧截取字符 110
  - 4.5.2 RIGHT 函数：从字符串右侧截取字符 111

- 4.5.3 MID 函数：从字符串中间截取字符 …… 111
- 4.5.4 FIND 函数：从字符串中查找指定字符的位置 …… 112
- 4.5.5 TEXT 函数：将数字转换为指定格式的文本 …… 113

4.6 常用逻辑判断函数 …… 114
- 4.6.1 什么是条件表达式 …… 114
- 4.6.2 IF 函数的基本用法与注意事项 …… 115
- 4.6.3 创建嵌套 IF 公式的实用技能 …… 116
- 4.6.4 IFERROR 函数：处理公式的错误值 …… 116
- 4.6.5 AND 函数：几个条件都必须同时成立 …… 117
- 4.6.6 OR 函数：只要有一个条件成立即可 …… 117

4.7 常用汇总计算函数 …… 118
- 4.7.1 两种常见的分类汇总方式：计数与求和 …… 118
- 4.7.2 两种条件下的分类汇总：单条件与多条件 …… 118
- 4.7.3 两种匹配条件下的分类汇总：精确匹配与模糊匹配 …… 118
- 4.7.4 常用的条件计数与条件求和函数 …… 119
- 4.7.5 单条件计数 COUNTIF 函数：精确匹配 …… 119
- 4.7.6 单条件计数 COUNTIF 函数：模糊匹配，使用通配符 …… 120
- 4.7.7 单条件计数 COUNTIF 函数：模糊匹配，使用比较运算符 …… 121
- 4.7.8 多条件计数 COUNTIFS 函数：精确匹配 …… 122
- 4.7.9 多条件计数 COUNTIFS 函数：模糊匹配，使用通配符 …… 123
- 4.7.10 多条件计数 COUNTIFS 函数：模糊匹配，使用比较运算符 …… 124
- 4.7.11 单条件求和 SUMIF 函数：精确匹配 …… 124
- 4.7.12 单条件求和 SUMIF 函数：模糊匹配，使用通配符 …… 126
- 4.7.13 单条件求和 SUMIF 函数：模糊匹配，使用比较运算符 …… 127
- 4.7.14 多条件求和 SUMIFS 函数，精确条件 …… 127
- 4.7.15 多条件求和 SUMIFS 函数，模糊条件，使用通配符 …… 128
- 4.7.16 多条件求和 SUMIFS 函数，模糊条件，使用比较运算符 …… 129

4.8 常用查找引用函数 …… 129
- 4.8.1 VLOOKUP 函数：基本原理 …… 130
- 4.8.2 VLOOKUP 函数：基本用法 …… 131
- 4.8.3 VLOOKUP 函数：根据关键词查找 …… 132
- 4.8.4 VLOOKUP 函数：根据条件从多个区域查找 …… 133
- 4.8.5 VLOOKUP 函数：自动定位取数的位置 …… 135
- 4.8.6 MATCH 函数：具有定海神针的功能 …… 136
- 4.8.7 MATCH 函数：与 VLOOKUP 函数联合使用制作动态图 …… 138
- 4.8.8 INDEX 函数：按图索骥 …… 139
- 4.8.9 INDEX 函数：与 MATCH 函数联合使用，查找数据更加灵活 …… 140

- 4.8.10　INDEX 函数：与控件联合使用制作动态图表 ·············· 141
- **4.9　检查公式** ·· 144
  - 4.9.1　用 F9 键查看公式的计算结果 ·························· 144
  - 4.9.2　用公式求值来检查公式 ··································· 145
- **4.10　公式返回的错误信息** ··· 145
  - 4.10.1　错误提示 ·· 145
  - 4.10.2　错误信息 ·· 146
- **4.11　复制和移动公式的操作技能技巧** ·································· 146
  - 4.11.1　复制公式的基本方法 ······································ 146
  - 4.11.2　复制公式的快捷方法 ······································ 146
  - 4.11.3　移动公式的基本方法 ······································ 147
  - 4.11.4　移动公式的快捷方法 ······································ 147
  - 4.11.5　移动复制公式本身或公式的一部分 ···················· 147
  - 4.11.6　将公式转换为值 ··· 148
- **4.12　公式的其他操作技巧** ·· 148
  - 4.12.1　将公式分行输入，以便使公式更加容易理解和查看 ·· 148
  - 4.12.2　在公式表达式中插入空格 ································ 148
  - 4.12.3　快速改变函数公式中的单元格引用 ···················· 148
  - 4.12.4　公式字符长度的限制 ······································ 149
  - 4.12.5　公式和函数中的字母不区分大小写 ···················· 149
  - 4.12.6　公式和函数中的标点符号都必须是半角字符 ········· 149
- **4.13　隐藏、显示和保护公式** ··· 149
  - 4.13.1　显示公式计算结果和显示公式表达式 ················· 149
  - 4.13.2　真正地隐藏公式 ··· 150
  - 4.13.3　保护公式 ·· 150

第5章　数据透视表入门与基本运用　/ 152

- **5.1　制作数据透视表的准备工作** ·· 152
  - 5.1.1　表格结构是否规范 ·· 152
  - 5.1.2　表格数据是否规范 ·· 152
- **5.2　制作数据透视表的基本方法** ·· 152
  - 5.2.1　基于固定不变的数据区域制作数据透视表 ·············· 153
  - 5.2.2　基于动态变化的数据区域制作数据透视表 ·············· 154
- **5.3　数据透视表的结构与术语** ··· 156
  - 5.3.1　"数据透视表字段"窗格 ···································· 156

XI

- 5.3.2 "数据透视表字段"窗格与普通报表的对应关系 ········ 157
- 5.3.3 字段、项目和记录 ········ 157
- 5.4 布局数据透视表 ········ 157
  - 5.4.1 布局数据透视表的基本方法 ········ 157
  - 5.4.2 布局数据透视表的快速方法 ········ 158
  - 5.4.3 存在大量字段时如何快速找出某个字段 ········ 158
  - 5.4.4 直接套用常见的数据透视表布局 ········ 158
- 5.5 数据透视表美化的主要方法 ········ 159
  - 5.5.1 设计透视表的样式 ········ 159
  - 5.5.2 设计报表布局 ········ 160
  - 5.5.3 修改字段名称 ········ 161
  - 5.5.4 显示 / 隐藏字段的分类汇总 ········ 162
  - 5.5.5 合并标签单元格 ········ 162
  - 5.5.6 不显示"折叠 / 展开"按钮 ········ 163
  - 5.5.7 对行字段和列字段的项目进行手动排序 ········ 164
  - 5.5.8 对行字段和列字段的项目进行自定义排序 ········ 165
  - 5.5.9 设置值字段的汇总依据 ········ 166
- 5.6 数据透视表分析数据的主要技能 ········ 167
  - 5.6.1 排序和筛选数据：找出最好或最差的前 N 个项目 ········ 167
  - 5.6.2 设置字段显示方式，制作结构分析报表 ········ 169
  - 5.6.3 设置字段的分类汇总依据：制作不同计算结果的报表 ········ 170
  - 5.6.4 组合字段项目：制作更有深度的分析报告 ········ 171
  - 5.6.5 添加自定义计算字段：为报告增加分析指标 ········ 173
  - 5.6.6 添加自定义计算项，为报告增加差异对比指标 ········ 175
  - 5.6.7 用切片器快速筛选数据 ········ 176
- 5.7 数据透视表的其他应用 ········ 177
  - 5.7.1 快速汇总分析大量的二维工作表 ········ 177
  - 5.7.2 快速汇总分析大量的一维工作表（全年 12 月工资汇总） ········ 181
  - 5.7.3 快速制作明细表 ········ 184
  - 5.7.4 快速核对数据 ········ 187

第6章 大量工作表的快速查询与汇总 / 189

- 6.1 快速查询数据 ········ 189
  - 6.1.1 从一张工作表中查询满足条件的数据 ········ 189
  - 6.1.2 从多张工作表中查询满足条件的数据 ········ 194

       6.1.3　查询几张工作表都有的数据 ……………………………………… 198
  6.2　快速汇总大量的工作表 ……………………………………………………… 200
       6.2.1　多个结构完全相同的工作表快速汇总 ……………………………… 200
       6.2.2　多个结构完全相同一维工作表快速汇总 …………………………… 203
       6.2.3　多个关联工作表快速汇总 …………………………………………… 203

第7章　单元格格式设置的三大法宝　/ 207

  7.1　关于单元格与数据：容易混淆的两个概念 ………………………………… 207
  7.2　表格的美化原则、技巧与基本素养 ………………………………………… 208
       7.2.1　报表显示位置：左侧和顶部要留空 ………………………………… 209
       7.2.2　边框设置和不显示网格线 …………………………………………… 209
       7.2.3　行高与列宽 …………………………………………………………… 210
       7.2.4　字体和字号设置 ……………………………………………………… 210
       7.2.5　数字格式 ……………………………………………………………… 210
       7.2.6　文字往右缩进 ………………………………………………………… 210
       7.2.7　背景颜色 ……………………………………………………………… 211
       7.2.8　别忘了在顶部写单位 ………………………………………………… 211
  7.3　法宝1：套用表格格式 ………………………………………………………… 211
       7.3.1　套用表格格式在哪里 ………………………………………………… 211
       7.3.2　套用表格格式的操作方法 …………………………………………… 211
       7.3.3　使用单元格样式来强化标题和合计行 ……………………………… 212
       7.3.4　如何清除表格格式和单元格样式 …………………………………… 212
  7.4　法宝2：条件格式 ……………………………………………………………… 213
       7.4.1　条件格式在哪里 ……………………………………………………… 213
       7.4.2　突出显示单元格规则：标识大于某类数据 ………………………… 213
       7.4.3　最前 / 最后规则：标识最好或最差的数据 ………………………… 214
       7.4.4　数据条：标注呈现不同变化的数据 ………………………………… 214
       7.4.5　图标集：标注上升 / 下降和红绿灯效果 …………………………… 215
       7.4.6　建立提前提醒模型：让数据追踪自动化 …………………………… 216
       7.4.7　使用公式来做条件格式的重要注意事项 …………………………… 219
       7.4.8　清除条件格式 ………………………………………………………… 220
  7.5　法宝3：自定义数字格式 ……………………………………………………… 220
       7.5.1　设置自定义数字格式的基本方法 …………………………………… 220
       7.5.2　数字自定义格式代码结构 …………………………………………… 221
       7.5.3　缩小位数显示数字 …………………………………………………… 221

XIII

7.5.4 将数字显示为指定的颜色，并添加标识符号 …… 222
7.5.5 使用条件判断设置数字自定义格式 …… 223
7.6 特殊问题：自定义日期和时间格式 …… 225
7.6.1 设置日期格式技巧 …… 225
7.6.2 超过 24 小时的时间怎么不对了 …… 226

第8章 从原始数据到汇总分析报告 / 227

8.1 实战测验1：指纹考勤数据统计分析 …… 227
8.1.1 考勤数据示例 …… 227
8.1.2 阅读表格，理解数据，找出思路 …… 228
8.1.3 分列日期和时间 …… 228
8.1.4 将多次刷卡时间处理为两次时间 …… 228
8.1.5 判断是签到时间还是签退时间，是否未签到或未签退 …… 229
8.1.6 计算迟到分钟数和早退分钟数 …… 230
8.1.7 统计每个员工本月的出勤情况 …… 230
8.1.8 本节案例总结 …… 231

8.2 实战测验2：销售统计分析 …… 231
8.2.1 示例数据 …… 231
8.2.2 阅读表格，确定任务 …… 231
8.2.3 分析上半年的总体销售情况 …… 232
8.2.4 分析各个客户上半年各月的销售额 …… 232
8.2.5 分析各个产品上半年各月的销售额 …… 233
8.2.6 客户排名分析 …… 234
8.2.7 分析指定客户下的产品结构 …… 235
8.2.8 业务员排名 …… 235
8.2.9 产品销售排名 …… 236
8.2.10 本节案例总结 …… 236

第 1 章

告"小白"书：Excel应该怎么用

Excel，每个人都非常熟悉，因为我们每天都在使用，但是我们又非常不熟悉，因为它远远不是我们想象的那样。那么，Excel究竟是什么？该如何与它愉快地相处？如何让它发挥最大的效力呢？

1.1 实际Excel表格

1.1.1 实际案例1：收款和支款的核对

之前，有一位学生在群里问我："老师，我想把图1-1中的数据进行透视汇总，核查每个人、每个客户的收支情况，但是，在创建透视表后，怎么出现了很多空白表格（图1-2），而且收款客户和支款客户不在同一行啊？这些数据有数千行呢，一个一个地比对太累了。"

图1-1 原始数据　　　　图1-2 透视的结果

1.1.2 实际案例2：社保公积金汇总

还有一个学生问我："老师，我设计了图1-3所示的表格。由于每个月员工的流动性很大，不断有新入职和离职的员工，需要我不断地在这个表格里插入行，重新计算，并填写每个员工的数据，很不方便。说实话，我都有点麻木了，都是机械地、下意识地插入行、删除行，经常出错，错了就重新做一遍。老师，有没有更好的方法来解决这样的问题啊？"

图1-3 每个月都需要不断调整的表格

1.1.3　实际案例3：产品统计汇总

"老师，我用什么公式对图1-4的表格数据按照产品的名称、规格及颜色进行汇总啊？我现在都是一个一个地数出来的，人特别累。"该学生一脸的无奈，我看着表，也是一脸的苦笑。

图1-4　无法自动汇总计算的表格

1.1.4　实际案例4：员工信息分析

一位从事人力资源管理的学生问我："韩老师，领导要我做每个月的人力资源月报，分析各个维度的人数分布。现在的员工花名册如图1-5所示，汇总起来非常费时间。更要紧的是，领导的要求经常改变，都来不及做，结果经常挨领导的批评。怎么办啊？"

图1-5　员工花名册

1.1.5　评语：表不是表，数不是数

上述表格中的不规范之处都是典型的不了解Excel的基本规则，是根本就不会使用Excel的具体体现。很多人不服气地说："我都用Excel很多年了，懂很多函数，会制作透视表，也会画柱形图、饼图、折线图，怎么说我不会Excel呢？"

1.2 不知不觉中，我们很多人变成了表格"杀手"

每次培训课上，我都会见到这样或那样的表格，这些表格的共同特征就是：乱！逻辑乱、结构乱、数据乱，最后把自己也搞乱了，晕头转向不知道怎么办了。经常是同学拿着表格，口中念念有词："老师，这个表怎么用公式来快速汇总分析啊？"我只好指着这个表，一声喝道："快去系统地学习应用 Excel！"

1.2.1 把 Excel 当成了 Word 来用

图 1-1 中的表格在管理数据方面犯了一个严重的错误：收款和支款是两个业务单元，也是两类性质不同的数据，应该分两个表格保存，但是现在的做法是什么呢？把收款和支款做成了嵌入式的表格，而且同一个客户居然分成两列保存！这是一种典型的把 Excel 当成 Word 记录表的做法。

正确做法是：将收款数据和支款数据分两张表格保存。由于目前只有 3 个项目是固定的，因此，仍可以按照目前的 3 个项目并排成 3 列的做法，如图 1-6 所示。

图1-6　重新设计收款表和支款表

再利用 Power Query 对两张表格进行汇总合并，制作数据模型，然后使用 Power Pivot 创建数据透视表进行比对。

如果没有安装 Office 2016，也可以使用现有连接和 SQL 语句的方法，直接制作数据透视表。结果如图 1-7 和图 1-8 所示。

图1-7　按照姓名汇总收款和支款　　　图1-8　按照客户汇总收款和支款

如果项目不固定且比较多，那么这种把项目并排成几列的处理方法就不恰当了，需要把它们整理成一维表单，用最简单的 5 个字段"姓名""日期""客户名称""项目"和"金额"来管理数据就足够了，如图 1-9 所示。这样不仅输入数据方便，汇总分析也更方便。

图1-9　设计成一维数据表单

图 1-3 中表格的最大问题是使用了大量的合并单元格、小计行、空行，这种做法又是 Word 里的习惯。合并单元格意味着有的单元格是没有数据的，仅仅是看起来清楚些，但是没数据的单元格怎么算？有人说，单元格 A3:A7 不就都是办公室的吗？我平常就是这么处理的啊！然而事实是：由于单元格 A3:A7 合并了，只有单元格 A3 是有数据的"办公室"，而单元格 A4:A7 是没有数据的。

每个部门下增加了一行小计和空行。小计是使用 SUM 函数计算出的结果。在这张表格中，由于人员的流入流出（新进员工和离职员工），需要不断地插入行和删除行。结果，要不断地修改小计公式，造成了不必要的麻烦。

还有，月份作为第一行的标题，并且是几个单元格的合并使用，这样对于每个月的数据管理很不方便。

正确的做法是：按照月份管理数据，一个月一张工作表，维护员工原始数据记录即可，也不需要添加小计行和空行。我们可以使用别的工具（如数据透视表）自动实现。但是，现在你的情况不仅数据维护累，汇总也更累。

正确的表格结构和数据管理思路如图 1-10 所示。

图1-10　按月管理数据，设计成一维表单

图 1-11 所示就是使用透视表对几个月的社保公积金数据进行汇总的结果，是自动完成的，不需要去插入行或插入公式，并且可以自动美化表格。

图1-11 利用透视表自动汇总各月社保和公积金

第3张表格（图1-4）纯粹是一个Word表格，按照Word习惯的做法来记录数据，这样的数据怎么进行分类汇总分析？这样的表格，唯一的处理方法是：彻底扔掉，重新设计。

第4张表格（图1-5），更是一个原始Word类的花名册结构了。合并单元格、多行标题，出生日期的数据也不正确，进公司时间居然按照年月日3个数分成了3列输入。

1.2.2 设计的Excel表单毫无逻辑性

Excel数据表单，是对数据的基本管理，而数据管理需要有严格的逻辑性（而且，随后的数据分析，逻辑性更强了，这是后话，暂且不表）。要把表单设计为标准的数据库，表内各列、各行数据有严格的逻辑架构，表单之间的数据能够顺畅有序流动。

任何一张表单的设计，都要结合实际业务来进行。为什么要用10列保存数据？为什么要用5张表格保存不同的数据？每行数据如何保存？每列数据如何先后输入？在设计基础表单之前，是否把这些问题都想清楚了？

现实情况是：很多人在设计表格时，逻辑混乱，结构混乱，特别喜欢设计大而全的表格，什么数据都往里装。我可以给一个评语：没有逻辑的表格就是垃圾桶，垃圾桶越大，垃圾越多！

1.2.3 数据输入很不规范

不论是文本数据，还是日期和时间，以及编码类的数字，很多人是按照自己的喜好和习惯来输入的，没有一点章法。比如，上面的第4张表（图1-5）中，员工的出生日期居然输入成了如660805的，这样我们就无法直接使用函数来计算年龄；更麻烦的是，进公司的时间居然分成年月日3列输入，又该如何用简洁的公式计算该员工的实际工龄？而这样一份重要的员工基本信息表单，居然缺失了"身份证号码"这个极其重要的信息数据！

1.2.4 表格"杀手"无处不在

Excel本应该能大大提升我们的日常办公效率，但现实情况是，它给我们带来了太多的"苦闷"与"烦恼"。悲愤之下，大家纷纷举起了"刀"，把自己变成了表格"杀手"，每天都在表格中寻找"仇家"，然后就是不成章法地乱弄一气，连点套路都不讲。

Excel是一个非常开放、非常灵活的数据管理和数据处理工具。使用Excel的第一要务是如何把数据管理好，让数据各司其位，而不能彼此老死不相往来，也不能打乱架。然而在现实中，我们很多人把Excel当成了Word，不论是表格结构，还是数据本身，都是乱糟糟的、互不关心，或者经常打乱架，开始我们还耐着性子去撮合它们，或者去拉架，慢慢地，我们失去了耐心，自己也参与其中，见一个打一个了。

1.3 不得不说的Excel重要规则

我经常这样比喻：学习Excel就像学开车，第一堂课是不会让你去摸车的，而是让你安安静静地坐在教室里学习交规。Excel的第一堂课，也不是学习什么小技巧、函数或是透视表，而是老老实实地、认真地了解Excel的重要规则。只有从一开始就树立正确的理念，才能设计出标准、规范的数据表单。

1.3.1 要严格区分基础表单和分析报告

归根结底，我们每天都是在制作这两张表：基础表单和分析报告。但是，很多人把这两种表格混在了一起，而不是各司其位，井然有序，结果就是越弄越乱。

什么是基础表单？什么是分析报告？它们各有什么规则要求？下面将具体介绍。

1.3.2 基础表单要科学，有逻辑，数据要规范

很多人在设计表单时，信手拈来，全然不思考业务数据管理逻辑、数据流程架构、数据输入方法，而是一味地根据习惯来做，这样做的后果就是：设计出的表格结构不科学、数据不规范，导致维护数据不方便，以后的汇总和分析数据更是困难重重。

基础表单是日常管理数据用的，是基础数据表格，保存的是最原始的颗粒化数据，是数据分析的基础，对于这样的表格，设计的基本原则是"越简单越好"，也就是说，以最简单的表格结构来保存最基本的信息数据，数据采集要颗粒化。因此，基础表单应该按照严格的数据库结构来进行设计，避免出现以下不规范的做法。

- 多行标题。
- 多列标题。
- 合并单元格。
- 不同类型数据放在一个单元格。
- 空行。
- 小计。
- 数据信息重叠输入。
- 不必要的列。
- 设置了大量的不必要的公式。
- 大而全的表格。

当表格结构定下来后，剩下的工作就是日常维护数据了。数据的输入，同样也不能

随心所欲。在工作中，我们很多人会犯下面的错误。
- 任意在文字中（尤其是姓名）加空格，人为的对齐。
- 日期输成了××××·×·×× 这样违反 Excel 基本规则的数据。
- 名称不统一：一会儿"人力资源部"，一会儿"HR"，一会儿"人事部"。
- 数据输入的格式不统一。例如，数据是数字型编码，结果有的单元格按文本格式输入，有的单元格按数值格式输入。

基础表单不仅是一张工作表，根据工作需要和数据管理的要求，有时候需要把数据分成几张工作表来保存。列举如下几点。
- 在工资和考勤管理中，按月保存工资数据和考勤数据。
- 在员工基本信息管理中，重要的基础数据一张表，其他辅助信息（如学历、培训情况等）单独保存在另外一张工作表。
- 在销售管理中，合同基本信息一张表，发票一张表，收款一张表，发货一张表。
- 在资金管理中，可以按照银行账户分别管理资金流入流出，也可以只设计一个所有账户的资金流入流出总账簿。
- 在员工合同管理中，员工基本信息一张表（便于查询员工的重要信息，例如学历、性别、年龄等），劳动合同是另一张表。

1.3.3 分析报告不仅仅是汇总，更是问题的揭示

分析报告是最终计算结果的汇总，是给别人看的报告，对于这样的表格，设计的基本原则是"越清楚越好"。也就是说，以最简单明了的表格和图表反映数据的根本信息，以便发现问题、分析问题和解决问题。

分析报告一定要反映出数据分析者的基本思想和逻辑，反映数据分析者对企业经营的思考。分析报告考虑的重点是：浓缩提炼信息使其清晰易观，方便报告使用者轻而易举地找到需要的信息。因此，设计分析报告应当考虑以下几个方面。
- 合理的表格架构。
- 易读的数据信息。
- 重点信息突出。
- 表格外观美观。
- 动态信息提取和分析。
- 分析报告自动化。
- 分析报告模板化。
- 分析仪表盘。

现在的情况是：很多人没有数据分析思路，所做的报表仅仅是汇总计算表，没有深入分析数据背后的信息，没有给上级提交一份有说服力的报告。

1.3.4 基础表单和分析报告一定要分开

很多人喜欢在原始数据表格中制作分析报告，其结果是：一张工作表上既有原始数据，又有分析报告。其实，这是一种不规范的做法。

建议基础数据表单只保存基础数据，是简洁明了的一张表，这样既保证了原始数据

7

的纯洁性、安全性，并且维护起来也很方便。

分析报告做在另外一张工作表中。在这个工作表中，只是计算分析结果，是各种分析结果的有序展示，一步一步引导报表使用者关注最重要的信息。

1.3.5 低效率来源于表单不规范

经常听到很多人说：Excel 太难了，函数都不会用。其实，不是 Excel 太难了，也不是函数太难了，而是一开始你的基础表单设计得有问题。就像盖房子一样，一开始首先要设计好户型，以后装修起来就很容易了，可以装修成各种需要的风格。但是，如果一开始户型设计得不合理，装修起来就费劲了。即使图纸设计好了，施工也要规规矩矩地按照图纸来进行，不能这里放一块石头，那里又搁一块空心砖，这样的墙壁在装修时，是不是让人感到胆战心惊？

同理，Excel 也是这样。表单架构设计及数据的规范输入是极其重要的。不能不加思考就依照习惯设计一张工作表，然后稀里糊涂地输入数据，而应该结合实际业务来设计和维护基础表单。

Excel 的使用是非常讲究逻辑的。从本质上来说，Excel 基础表单是一个数据库，每个工作表就是一张数据表。由于 Excel 的操作具有很大的灵活性，很多人从使用 Excel 的第一天，就把 Excel 拿来乱用，不论是表格的结构设计，还是数据的日常维护，都是随心所欲、按照自己的习惯来做。这样导致的结果是：表与表之间没有逻辑性，表内列和列之间也没逻辑性，对于这样一张逻辑混乱的表格，我们还能高效率地分析处理数据吗？

每次培训课上，我都会看到这样逻辑混乱、大而全的表格。每当这样的时候，我都会问学生这样的问题：

- 你要用这张表格做什么？
- 你为什么要这样设计表格？
- 表格的设计思路是什么？
- 表格的设计逻辑是什么？
- 你日常维护数据方便吗？
- 你能很快地做出领导需要的各种分析报表吗？
- 既然回答是"否"，那么为什么还要这样设计呢？

任何一张基础数据表单，都是数据管理思路的结晶，是数据流程架构的具体体现。我们管理的对象是数据，那么，如何管理数据？在这个问题没有想明白之前，先不要匆忙设计表单。

1.4 学用Excel的秘籍：培养自己的逻辑思路

"我现在的工作是要整理一张大表，其中包含所有业务员的数据，要按照每个业务经理进行筛选，然后把筛选出来的数据另存为一个工作簿，分别发给每个业务经理，让他们分别填写自己手下业务员的数据（还不能改动隐藏起来的其他业务部门的数据）。收集回来后，再分别将每个业务经理填写的数据汇总到我这张大表上。我现在的做法非常累，就是复制粘贴，有 400 多个业务员啊！"

这是在一次企业内训上，一位学生跟我提出的问题，希望我能帮她解决。

这位学生的工作为什么会如此繁琐和累人，甚至经常出现错误？究其原因就是没有一个正确的数据采集和汇总思路。手里的那张大表，其实是所有业务部门的堆积汇总表，但是，为什么要把自己的大表筛选后发给各个业务经理填写呢？要知道，每个业务经理拿到的表格，不仅有自己的数据，还有别人的数据（这些被隐藏了）。表格返回后，还需要分别摘出来再复制粘贴。这样，不仅每个业务经理填写数据累，汇总也累，两头都是累！

换个思路考虑这样的问题：给每个业务经理发一个相同结构的表单模板，让他们按照要求的格式填写自己手下业务员的数据，不要再掺杂别的业务部门的数据。这样，当收到几个业务经理的文件后，仅仅需要简单地复制粘贴即可完成（如果想手工做的话），或者使用 Power Query 快速汇总并得到能够随时更新的自动化模板（这是最好的方法），或者使用 VBA 编写一段汇总代码，单击按钮就一键完成汇总（自动化最佳的操作）。

不论是简单的数据采集和处理，还是要设计较为复杂的计算公式，或者是制作分析报告，都离不开一个最核心的内容：逻辑思路！以下几点可供参考。

- 表单设计，是对数据管理的思考。
- 数据分析，是对数据背后信息的思考。
- 函数公式，是对表格计算的思考。
- 逻辑思路，永远是我们每个 Excel 使用者需要重点训练和强化的。
- 思路是树干，技巧是树叶，千万不要本末倒置。
- 要学好 Excel，更要用好 Excel。

1.5 Excel的逻辑思路

每次培训课上，我都会结合大量的实际数据分析案例，给大家讲解 Excel 分析数据的思路是什么？工具是什么？效果是什么？不论是数据管理，还是数据分析，逻辑思路永远是第一位的。

只有把思路和工具结合起来，才能称为 Excel 大能，这就是王阳明所说的"知行合一"。不过，谦虚地说，我也做不到"知行合一"，但是，我会努力地去弄明白每一张表单的逻辑思路，弄明白每一个任务的实质，弄明白每一个公式的来由，搞清楚自己要做什么，熟练运用手头现有的工具，并寻找更先进的工具。

第 2 章
Excel基础表单设计技能训练

千里之行，始于足下。一个标准规范的基础数据表单，是数据分析的基础。在实际工作中，尽管很多数据可以直接从管理软件中导出，但仍有一些表单需要我们亲手设计。

在设计基础表单时，有一些非常实用的技能，是必须掌握和熟练运用的，例如，数据验证（数据有效性）、条件格式、智能表格、常用函数等。

2.1 表单结构的设计规则

2.1.1 表单结构设计要考虑的规则

基础表单必须要根据实际工作内容，依据不同的数据管理逻辑，设计成不同的结构。因此，基础表单没有固定的格式。

大部分流水性质的业务数据，一般要设计成数据库结构，如资金管理表单、销售表单、工资表单、合同表单等。

某些特殊需求的表单，则根据实际需要，设计满足该需求的结构。比如，日常考勤表。

基础表单的设计，要遵循以下几个最基本的规则。

（1）结构的科学性，就是要按照工作业务的性质、数据管理的内容、数据的种类等设计不同的基础表单，分别保存不同的数据。基础表格越简单越好，把所有数据都装在一个工作表中的做法是绝对不可取的。比如，要做进销存管理，如何设计这样的基础表单？要用几个表单来反映进销存数据？每个表单要怎么保存数据？

（2）数据的易读性，主要包含两个方面：利用函数读数（取数）方便的，叫函数读数；肉眼查看数据容易的，叫人工读数。一个杂而乱、大而全的表格，是很难实现这两种高效读数的。数据易读性差的主要原因有：表格结构设计不合理，数据保存不合理，表格数据结构是残缺不全、毫无逻辑的。

（3）汇总的方便性，是指不论多大的数据量，汇总要简单方便容易。你可以问自己：我设计的工作表数据汇总方便吗？大量表格数据之间的汇总方便吗？如果不方便，或者做起来非常吃力，Excel 很好用的工具也用不上，其主要原因就是基础表单设计有问题，导致函数没法用，数据透视表用不好，图表也做不好。

如果设计了很多工作表，需要把这些工作表数据汇总到一张工作表上，那么每个分表的结构（尤其是各个数据列的位置和顺序）尽量要保持一致。这样，可以快速创建计算公式，以便于制作数据分析模板。我曾见过一张这样的表格：每个月的项目是一样的，但是项目顺序不一样；有的表格顶部有大标题，有的没有，这样的表格设计给数据跟踪分析造成了不必要的麻烦。当问起为什么这么做，为什么不把每个月的工作表统一格式时，这个人的回答是："不能保证每个月完全一样啊。"连一个标准化、规范化的表单都做不好的企业，它的管理存在诸多问题也就见怪不怪了。

（4）**分析的灵活性**，是指不论做何种分析，要讲究数据分析的灵活多变。因为我们对数据进行分析的目的，是要针对企业的数据进行深度挖掘，从不同方面找问题、找原因、找对策，这就要求基础数据必须能够精准反映企业的管理流程，制作的分析报告也必须具有灵活性，并能够在几分钟内通过转换分析角度而得到另外一份分析报告。

（5）**外观的美观性**，不论是基础表还是报告，都尽量要求对表格进行美化。基础表的美化以容易管理数据为标准，而报告的美化以分析结果清楚为标准。特别强调的是，不论是基础表还是报告，很多人喜欢为数据区域添加边框，并保留工作表默认的网格线。其实，我们可以取消网格线，把数据区域设置成非常简练的线条表格，并把单元格字体、颜色、边框等进行合理的设置。

2.1.2　一张表还是几张表

大多数情况下，基础表单保存的数据有以下两种。

（1）每天都要输入的数据。

（2）基本固定不变的数据。

这两种数据要分别保存在不同的工作表内，切忌把基本资料数据保存在日常输入数据的表单台账中。

日常输入数据的表格，依据业务的不同，可以做成一张大总的流水工作表，例如，销售记录表、合同管理表等；也可以按照时间或者业务单元来保存数据，例如，工资表、考勤表等，就必须做成每个月一张表。

不论是一张工作表，还是几张工作表，表单架构设计（字段）是非常重要的，要满足数据科学管理的需要，并且要为以后的数据汇总和分析提供规范准确的、颗粒化的基础数据。

2.1.3　哪些做法是不允许的

基础表单有很多做法是不允许的，具体有以下几点。

- 设计的表单无逻辑。
- 大而全的表格。
- 用二维表格管理数据。
- 行标题和列标题使用合并单元格。
- 表单中插入小计行。
- 表单中插入大量的空行、空列。

- 在表单数据区域外输入其他无关的数据。
- 在一列中保存有不同字段的数据。
- 在基础表单添加不必要的计算列。
- 表格顶部存在大表头，底部有文字备注。

2.2 表单数据的输入规则

表单结构设计好后，剩下的工作就是维护好这样的表单，并按要求往单元格里输入数据了。

Excel 处理的数据分为 3 类：文本、日期和时间、数字。这 3 种数据的处理都是有规则的，输入时必须严格遵守这些规则。

2.2.1 文本数据

扫码看视频

文本就是不能参与数学计算的数据，如汉字、字母等。在输入文本数据时，要避免出现以下不规范的做法。

- 在名称之间加空格，在文字前后加空格。
- 前后输入的名称不统一。例如，一会儿是"人事部"，一会儿是"人力资源部"，一会儿是"HR"。
- 如果要输入客户名称的简称，一定要有一个全称和简称的对照表。
- 对于英文名称，要注意单词的拼写，并注意单词之间要留有一个标准的空格，不要有多余的空格。

如果要在函数和公式中输入一个文本常量，别忘了在文本前后加英文的双引号括起来。例如公式"="北京""，如果直接输入公式"= 北京"，就会报错，因为 Excel 会认为"北京"是一个名称，而不是一个文本数据。

2.2.2 日期和时间

扫码看视频

1. 关于日期

很多人会在 Excel 表单中输入诸如"2024.5.23""5.23""24.5.23"这样的日期数据，这样做就大错特错了，因为他并没有弄明白 Excel 处理日期的重要规则。

Excel 把日期处理为正整数，0 代表 1900-1-0，1 代表 1900-1-1，2 代表 1900-1-2，依此类推，日期 2024-5-23 就是数 45435。

输入日期的正确格式是"年 - 月 - 日"，或者"年 / 月 / 日"，而上面的输入格式就是不对的，因为这样得出来的结果是文本，而不是数字。

你可以按照习惯，采用一种简单的方法输入日期。例如，如果要输入日期 2024-5-23，那么下面的任何一种方法都是可行的：

- 键入 2024-5-23
- 键入 2024/5/23
- 键入 2024 年 5 月 23 日

- 键入 5-23（假设输入日期的当天是 2024 年 5 月 23 日）
- 键入 5/23（假设输入日期的当天是 2024 年 5 月 23 日）
- 键入 5 月 23 日（假设输入日期的当天是 2024 年 5 月 23 日）
- 键入 24-5-23
- 键入 24/5/23
- 键入 23-May-24
- 键入 23- May -2024
- 键入 23- May
- 键入 May -23

此外，由于 Excel 采用两位数字输入年份，因此，不同数字 Excel 会进行不同的处理：

◎ 00 到 29：Excel 将 00 到 29 之间两位数字的年解释为 2000 年到 2029 年。例如，如果输入日期"19-5-28"，则 Excel 将假定该日期为 2019 年 5 月 28 日。

◎ 30 到 99：Excel 将 30 到 99 之间两位数字的年解释为 1930 年到 1999 年。例如，如果输入日期"98-5-28"，则 Excel 将假定该日期为 1998 年 5 月 28 日。

2. 关于时间

Excel 处理日期和时间的基本单位是天，1 代表 1 天，1 天 24 小时，因此时间是按照 1 天的一部分来处理的，也就是说，1 小时代表 1/24 天，1 小时就是小数 0.0416666666666667（也就是分数 1/24）。比如，8:30 就是 8.5/24，8:50 就是 (8+50/60)/24。因此时间就是小数。

在 Excel 中，输入时间的格式一般为"时 : 分 : 秒"。

例如，要输入时间"14 点 20 分 30 秒"，可以输入"14:20:30"，或"2:20:30 PM"。注意：在 2:20:30 和 PM 之间必须有一个空格。

但是，如果要输入没有小时而只有分钟和秒的时间时，比如，要输入 5 分 45 秒这样的数据，我们不能输入"5:45"，这样会把该时间识别为 5 小时 45 分。我们必须在小时部分输入一个 0，以表示小时数为 0，即输入"0:5:45"。

如果要在一个日期上，加减一个时间，就必须先把时间转换为天，例如，要在单元格 B2 日期时间的基础上，加 2.5 小时，那么公式是"=B2+2.5/24"。

如果要输入带日期限制的时间，比如要输入 2024 年 5 月 22 日上午 9 点 30 分 45 秒，那么应该先输入日期"2024-5-22"，空一格后再输入时间"9:30:45"，最后输入到单元格的字符应该是"2024-5-22 9:30:45"，输入完毕后按 Enter 键。

Excel 允许输入超过 24 小时的时间，但 Excel 会将这个时间进行自动处理。比如，假设输入了下面的时间：

`26:45:55`

那么它会被解释为 1900 年 1 月 1 日的 2:45:55。

同样的，如果输入下面的时间：

`76:45:55`

那么它会被解释为 1900 年 1 月 3 日的 4:45:55。

也就是说，Excel 将自动把多出 24 小时的部分进位成 1 天。

假设输入了带具体日期限制的超过 24 小时的时间，Excel 也自动将其进行处理。例如，输入下面的日期和时间

```
2024-05-22 38:50:25
```

那么它会被解释为 2024 年 5 月 23 日 14:50:25。

3. 日期和时间的错误来源

日期和时间的错误来源有两个：一是手工输入错误；二是系统导出错误，系统导出的日期在很多情况下是错误的（是文本型日期，并不是数值），需要进行修改规范，常用的方法是使用分列工具。

4. 如何快速判断是否为真正的日期和时间

判断一个单元格的日期是不是真正的日期，只需要把单元格格式设置成常规或数值，如果单元格数据变成了正整数，就表明是日期；如果不变，表明是文本。

同样地，判断一个单元格的时间是不是真正的时间，只需要把单元格格式设置成常规或数值，如果单元格数据变成了正的小数，就表明是时间；如果不变，表明则是文本。

5. 如何在公式中输入固定的日期

如果要在公式中直接使用一个固定的日期或时间进行计算，那么就需要使用英文双引号了，比如要计算工龄（入职时间保存在单元格 H2），截止计算日期是 2024-12-31，那么计算工时就需要设计成：

```
=DATEDIF(H2,"2024-12-31","y")
```

这种使用双引号表达日期的方法，在日期函数和直接计算公式中是没有问题的，但在某些函数中就会出现错误，此时应使用 DATEVALUE 函数进行处理。例如，A 列保存真正日期，使用下面的公式查找 2024-5-7 的数据，那么公式会出现错误的结果：

```
=VLOOKUP("2024-5-7",A:B,2,0)
```

正确的公式应为：

```
=VLOOKUP(DATEVALUE("2024-5-7"),A:B,2,0)
```

2.2.3 数字

扫码看视频

在 Excel 里，数字是最简单的数据，但要牢记以下两个要点。

（1）Excel 最多处理 15 位整数，以及小数点后 15 位。

（2）数字有两种保存方式：纯数字和文本型数字。

对于编码类的数字，一定要将数字保存为文本，因为这样的编码类数字只是个分类名称而已，不需要求和计算。

当在单元格输入文本型数字时，如身份证号码、邮政编码、科目编码、物料编码等，有两个办法：一是先把单元格的格式设置为文本，然后再正常输入数字；二是先输入英

文单引号（'），然后再输入数字。

现实中的主要问题如下。

（1）很多人在输入诸如身份证号码这样超过15位数字的长编码时，发现输入完成后，最后3位数字变成0了，这样就丢失了最后3位数字。因此，要特别注意将格式处理为文本。

（2）有些人在处理数字类编码时，在编码这列里可能存在着文本和数字格式并存的情况，这样就没法继续正确地对数据进行处理分析。此时，需要把数字转换为文本，可以使用分列工具进行快速转换。不过要注意，不能通过设置单元格格式的方法转换为单元格数字格式，这样做毫无作用（第8章中有详细的解释）。

（3）如果从系统中导出的数据，数字为文本型数字，则是无法进行计算处理的，此时需要将文本型数字转换为纯数字，第3章，我会给大家详细介绍相关的技能。

（4）一些"小白"喜欢把数字和单位写在一起。比如"100元""50套"，这样是没法计算的，犯了一个不懂数据管理的严重错误：数字100、50是销量、金额之类的数字，"元""套"是单位，是两种不同类型的数据，应该分两列保存。

2.3 使用数据验证控制规范数据输入

在基础表单数据维护中，为了把错误数据消灭在萌芽之中，可以使用数据验证（又称数据有效性）来控制规范数据输入。

所谓数据验证，就是对单元格设置的一个规则，只有满足这个规则的数据才能输入到单元格，否则是不允许输入到单元格中的。数据验证相当于在数据库中对该字段的数据类型进行设置。

数据验证是一个非常有用并且效率极高的数据输入方法。利用数据验证，我们可以限制只能输入某种类型的数据、规定格式的数据、满足条件的数据，不能输入重复数等；还可以控制在工作表上输入数据的过程（例如，不能空行输入、不能在几个单元格里都输入数据、在几个单元格中数据只能输入某个单元格等）；当输入数据出现错误时，还可以提醒用户为什么出现了错误，应该如何去纠正。

灵活使用数据验证，并结合一些函数，可以设置非常复杂的限制输入数据条件，从而使数据的输入工作既快又准，工作效率也大大提高。

2.3.1 数据验证在哪里

单击"数据"→"数据验证"按钮（图2-1），打开"数据验证"对话框，如图2-2所示。从"允许"下拉列表中选择验证条件，就可以根据实际要求来设置各种数据验证，如图2-3所示。

扫码看视频

图2-1 "数据验证"按钮

图2-2 "数据验证"对话框

图2-3 选择验证条件

2.3.2 只能输入整数

在"允许"下拉列表中选择"整数",可展开关于整数的数据验证条件,其中包括:介于、未介于、等于、不等于、大于、小于、大于或等于、小于或等于,如图2-4所示。

例如,要限制在单元格中只能输入正整数(如销售商品的件数、套数等),就可以在"数据"下拉列表中选择"大于或等于"的条件,然后在"最小值"文本框中输入0,如图2-5所示。

图2-4 选择"整数"条件

图2-5 选择"大于或等于",并输入0

为了更直观地得到数据输入提示信息,可以在"输入信息"选项卡中输入一段简短的说明文字,以提醒用户应该输入什么样的数据、怎么输入,如图2-6所示。

如果输入了不符合条件的数据,系统就会报错。此时,我们还可以在"出错警告"选项卡中进行设置,以警告出错误的原因,如图2-7所示。

图2-6　输入提示信息文字　　图2-7　输入警告信息文字

这样，只要单击设置了数据验证的单元格，就会出现提示文字"请输入正整数！"，如图2-8所示。如果输入错误，就会弹出警告对话框，如图2-9所示。

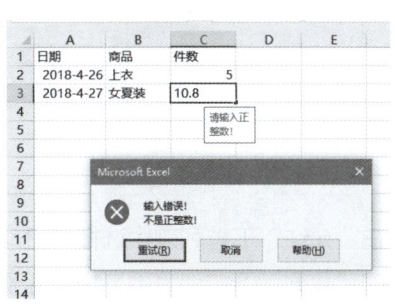

图2-8　输入提示信息，马上知道　　图2-9　输入的数据不满足条件，
　　　　要输入什么样的数据　　　　　　　　弹出警告对话框

2.3.3　只能输入小数

例如，假设公司规定各个部门每天的日常费用开支不能超过1000元，数据可以是小数，但不能为负数，那么就可以进行如图2-10所示的数据验证设置。

扫码看视频

（1）在"允许"下拉列表中选择"小数"。
（2）在"数据"下拉列表中选择"介于"。
（3）在"最小值"文本框中输入0。
（4）在"最大值"文本框中输入1000。

图2-10　只允许输入规定的正小数

17

2.3.4 只允许输入固定期间的日期

扫码看视频

大部分表格都要输入日期，但在有些情况下只允许输入规定的日期，比如，只能输入2018年的日期、只能输入当天的日期、只能输入当月的日期等，此时，同样可以使用数据验证并联合有关的函数来解决。

假如某张管理表格只允许输入2018年的日期，那么就可以进行如图2-11所示的验证设置。

图2-11　只允许输入2018年的日期

（1）在"允许"下拉列表中选择"日期"。
（2）在"数据"下拉列表中选择"介于"。
（3）在"开始日期"文本框中输入2018-1-1。
（4）在"结束日期"文本框中输入2018-12-31。

2.3.5 只允许输入当天的日期

假若某个管理表格只允许输入当天的日期，那么可以进行如图2-12所示的验证设置。

扫码看视频

（1）在"允许"下拉列表中选择"日期"。
（2）在"数据"下拉列表中选择"等于"。
（3）在"日期"文本框中输入公式"=TODAY()"。

图2-12　只允许输入当天的日期

思考：为什么在"日期"文本框中必须输入"=TODAY()"，而不能直接输入TODAY呢？因为TODAY是函数，在单独使用函数时，必须以公式的形式输入，也就是说，必须先

18

输入等号（=）。

此外，TODAY 函数没有参数，因此函数名后面的一对括号不能漏掉。

> 🔔 **函数说明：TODAY**
>
> TODAY 函数用于得到当天的日期。用法如下：
> =TODAY()

2.3.6 只允许输入当天以前的日期

扫码看视频

假若某个管理表格只允许输入当天以前的日期（含当日），那么可以进行如图 2-13 所示的验证设置。

（1）在"允许"下拉列表中选择"日期"。

（2）在"数据"下拉列表中选择"小于或等于"。

（3）在"结束日期"文本框中输入公式"=TODAY()"。

图2-13　只允许输入当天以前的日期（含当日）

2.3.7 只允许输入当天以前一周内的日期

扫码看视频

假若某个 Excel 表格只允许输入当天以前一周内的日期（不含当日），那么可以进行如图 2-14 所示的验证设置。

（1）在"允许"下拉列表中选择"日期"。

（2）在"数据"下拉列表中选择"介于"。

（3）在"开始日期"文本框中输入公式"=TODAY()-7"。

（4）在"结束日期"文本框中输入公式"=TODAY()-1"。

图2-14　只允许输入当天以前一周内的日期（不含当日）

2.3.8 只允许输入当天以前的本月日期

假若在某个 Excel 表格只允许当天以前的本月日期，那么可以进行如图 2-15 所示的验证设置。

图2-15　只允许输入当天以前的本月日期

（1）在"允许"下拉列表中选择"日期"。
（2）在"数据"下拉列表中选择"介于"。
（3）在"开始日期"文本框中输入公式：

```
=EOMONTH(TODAY(),-1)+1
```

（4）在"结束日期"文本框中输入公式：

```
=TODAY()-1
```

公式"=EOMONTH(TODAY(),-1)+1"就是获取当月的第一天的日期，这里，利用了 EOMONTH 函数得到上个月最后一天日期，然后再加 1 就是本月第一天日期。

> **函数说明：EOMONTH**
>
> EOMONTH 函数用于计算指定日期之前或之后几个月的月底日期。用法如下：
>
> = EOMONTH(开始日期, 月数)
>
> 例如，下面公式的结果是 2018-7-31：
>
> =EOMONTH("2018-4-15",3)
>
> 而下面的公式结果是 2018-1-31：
>
> =EOMONTH("2018-4-15",-3)

2.3.9 只允许输入规定的时间

我们也可以验证限制时间的输入，其方法与限制日期输入是一样的。比如，在员工的考勤表中，上班时间只能输入上午 8 点以前的时间，超过上午 8 点就算旷工；下班时间只能输入下午 5 点以后的时间，在下午 5 点以前就算早退。对此可以进行如图 2-16、图 2-17 所示的验证设置。

上班时间数据验证如下。
（1）在"允许"下拉列表中选择"时间"。
（2）在"数据"下拉列表中选择"小于或等于"。

(3)在"结束时间"文本框中输入"8:00:00"。

图2-16　只允许输入上午8点以前的时间　　图2-17　只允许输入下午5点以后的时间

下班时间数据验证如下。

(1)在"允许"下拉列表中选择"时间"。

(2)在"数据"下拉列表中选择"大于或等于"。

(3)在"开始时间"文本框中输入"17:00:00"。

2.3.10　只允许输入规定长度的数据

我们可以对输入的文本进行控制,比如,只能输入规定长度(或长度区间)的文本。例如,输入邮政编码时限制文本的长度是6,那么可以进行如图2-18所示的验证设置。

扫码看视频

图2-18　限制输入文本的长度

(1)在"允许"下拉列表中选择"文本长度"。

(2)在"数据"下拉列表中选择"等于"。

(3)在"长度"文本框中输入数字6。

那么,就在选定单元格区域内只能输入长度为6的字母、数值型文本或者纯数字,字符长度少于6或者多于6都是非法的。

但是,这种长度限制的数据验证,对数字和字母都是有效的。由于邮政编码是6位数字,为了更加精准控制,只能输入6位的数字编码,需要使用自定义条件来解决。这个设置我们将在后面进行介绍。

21

2.3.11 在单元格制作基本的下拉菜单

很多情况下，我们经常要重复输入一些固定数据。比如，要在员工信息表的某列输入该员工所属部门名称，而这些部门名称就是那么几个固定的名称。此时利用数据验证，不仅可以实现部门名称的快速输入，也可以防止输入错误的、不规范的部门名称。效果如图 2-19 所示，当单击 B 列数据区域的某个单元格时，在该单元格的右侧出现一个下拉按钮，单击该按钮，就可以选择输入该序列的某个项目，或者人工输入序列中已存在的项目，输入不在序列中的其他数据都是非法的。

图2-19 从单元格下拉列表中选择输入数据

对要输入部门名称的表格列设置如下的数据验证，如图 2-20 所示。

（1）在"允许"下拉列表中选择"序列"。

（2）在"来源"文本框中输入部门名称序列，如"办公室、人力资源部、财务部、销售部、开发部和工程部"，注意该序列的各个项目之间用英文逗号隔开。

在很多情况下，要输入的序列项目很多，或者每个项目都是很长的字符串，那么在"来源"文本框里输入这些序列名称便不太方便了。一种比较好的方法就是：把这些序列数据保存在工作表的某列或者某行中，然后在"来源"文本框里引用这个单元格区域，如图 2-21 所示。

图2-20 只能输入指定的序列数据　　图2-21 将保存在工作表的某列（或某行）数据作为数据序列的来源

这种做法也有一个问题，对于基础表单来说，诸如部门名称、产品名称、客户名称等这样的基本资料数据，最好不要保存在当前源数据表单工作表中，而应该保存在另外一个专门保存基本资料数据的工作表中。换句话说，就是将日常不断输入数据、维护数据的表单工作表与基本资料工作表分开。此时，数据验证的设置方法与上面介绍的方法一样，直接引用基本资料工作表的数据即可，如图2-22所示。

图2-22 将保存在另外一个工作表的数据作为数据序列的来源

2.3.12 在单元格制作二级下拉菜单

例如，在设计员工信息管理表格时，我们还经常碰到这样的问题：要输入企业各个部门名称及其下属的员工姓名，如果将所有的员工姓名放在一个列表中，并利用此列表数据设置数据验证，那么很难判断某个员工是属于哪个部门的，容易造成张冠李戴的错误，如图2-23所示。

扫码看视频

图2-23 无法确定某个员工是哪个部门的

我们能不能在A列输入部门名称后，在B列只能选择或输入该部门下的员工姓名，使其他部门员工姓名不会出现在序列列表中呢？

如果使用多种限制的数据验证来制作二级下拉菜单，就可以解决这样的问题。

案例2-1

步骤01 首先设计部门名称及其下属员工姓名列表，如图2-24所示。其中，第1行是部门名称，每个部门名称下面保存该部门的员工姓名。

步骤02 选择B列至I列含第1行部门名称及该部门下员工姓名在内的区域，单击"公式"→"定义的名称"→"根据所选内容创建"按钮，如图2-25所示。

图2-24 设计部门名称及其下属员工姓名列表　　图2-25 批量创建名称命令

23

步骤 03 打开"根据所选内容创建名称"对话框，选中"首行"复选框，然后单击"确定"按钮，将 B 列至 I 列的第 2 行开始往下的各列员工姓名区域分别定义名称，如图 2-26 所示。

图2-26　先选取区域，再批量定义名称

步骤 04 再选择单元格区域 B1:I1，单击名称框，输入名称"部门名称"，然后按 Enter 键，将这个区域定义为"部门名称"，如图 2-27 所示。

图2-27　把第1行各个部门名称区域定义名称"部门名称"

单击"公式"→"定义的名称"→"名称管理器"按钮，打开"名称管理器"对话框，可以看到表格中定义了很多名称，其中各个部门员工姓名区域的名称就是第 1 行的部门名称，如图 2-28 所示。

图2-28　定义的名称

步骤 05 选取单元格区域 A2:A1000（或者到需要的行数），打开"数据验证"对话框，按图 2-29 所示进行设置。

○ 在"允许"下拉列表中选择"序列"。
○ 在"来源"文本框中输入公式"= 部门名称"。

步骤 06 选取单元格区域 B2:B1000（或者到需要的行数），打开"数据验证"对话框，按如图 2-30 所示进行设置。

24

- 在"允许"下拉列表中选择"序列"。
- 在"来源"文本框中输入公式"=INDIRECT(A2)"。

图2-29 为A列设置部门名称序列　　图2-30 为B列设置某部门下员工姓名序列

这样，在A列的某个单元格中选择或输入部门名称，在该行B列的单元格内就只能选择或输入该部门下的员工姓名，如图2-31、图2-32所示。

图2-31 选择或输入"办公室"的员工姓名　　图2-32 选择或输入"信息部"的员工姓名

> **函数说明：INDIRECT**
>
> INDIRECT函数用于把一个字符串所表示的单元格地址转换为引用。用法如下：
> =INDIRECT(字符串表示的单元格地址或名称,引用方式)
> 这里注意以下几点。
> (1) INDIRECT转换的对象是一个文本字符串。
> (2) 这个文本字符串必须是能够表达为单元格地址或名称的,例如"C5""M10""预算!C5"。
> (3) 这个字符串是我们自己手工连接(&)起来的。
> 例如,若单元格D5保存的数据是A2,它是一个文本字符串,但这个A2恰好又是单元格A2的地址,那么公式"=INDIRECT(D5)"并不是引用单元格D5的数据,而是引用单元格A2的数据。

> **小知识：**
>
> 名称就是给工作表中的对象命名的一个称谓,在公式或函数中,可以直接使用定义的名称进行计算,不必去理会这个名称所代表的对象在哪里。能定义名称的对象如下。

(1) **常量**。比如，可以定义一个名称为"增值税"，它代表0.17。公式"=D2*增值税"中，这个名称"增值税"就是0.17。

(2) **一个单元格**。比如，把单元格A1定义名称为"年份"，若在公式中使用"年份"两字，就是引用单元格A1中指定的年份。

(3) **单元格区域**。比如，把B列定义名称为"年份"，D列定义名称为"销售量"，那么公式"=SUMIF(年份,2018,销售量)"就使用了2个名称，就是对B列进行条件判断，对D列求和，条件是2018。

(4) **公式**。可以对创建的公式定义名称，以便更好地处理分析数据。比如，把公式"=OFFSET(Sheet1!$A$1,,,Sheet1!$A:$A,Sheet1!$1:$1)"命名为data，就可以利用这个动态的名称制作基于动态数据源的数据透视表，而不必每次去更改数据源。

2.3.13 控制不能输入重复数据

案例2-2

"老师，我设计了一个员工花名册，怎样才能控制在D列里不能输入重复的员工身份证号码啊？而且还要限制身份证号码必须是18位。"

这样的问题，使用数据验证下的自定义规则即可解决，不过，在这种情况下，需要熟练使用逻辑函数、信息函数、查找函数、统计函数、条件表达式等。

对该同学提出的问题，可以设置这样的数据验证：在"允许"下拉列表里选择"自定义"，在"公式"文本框里输入下面的公式（如图2-33所示）：

=AND(COUNTIF($D$2:D2,D2)=1,LEN(D2)=18)

图2-33 只能输入18位不重复的身份证号码

这个公式中，有如下两个条件，它们必须都要满足才能输入数据。

条件1：判断输入的数据是否唯一，使用COUNTIF函数进行统计，公式如下：

COUNTIF($D$2:D2,D2)=1

条件2：判断输入的数据长度是否为18位，使用LEN函数进行计算，公式如下：

LEN(D2)=18

最后使用 AND 函数将两个条件组合起来。

=AND(条件1,条件2)

在使用 COUNTIF 函数进行统计时，由于我们是统计刚刚输入的数据是否在前面已经输过了，因此，统计区域是一个不断往下扩展的变动区域，但这个区域的第一个单元格永远是 D2。因此，统计区域的第一个单元格是绝对引用 $D$2，最后一个单元格是相对引用 D2，这样统计区域是 $D$2:D2。

这样，当输入重复数据时，就会出现警告对话框，如图 2-34 所示。

图2-34 警告对话框

函数说明：COUNTIF

COUNTIF 函数用于统计满足一个指定条件的单元格个数。用法如下：

=COUNTIF(统计区域,条件值)

例如，图2-35中的公式"=COUNTIF(B2:B10,"A")"，结果为3，因为该区域有3个字母A。

图2-35 COUNTIF 函数基本用法

函数说明：LEN

LEN 函数用于计算字符串的长度，也就是字符串中字符的个数。用法如下：

=LEN(字符串)

例如，公式"=LEN("Excel高效办公")"，结果为9，因为有9个字符(5个字母和4个汉字)

函数说明：AND

AND 函数用来组合几个与条件，也就是在括号里这几个条件必须同时满足。用法如下：

=AND(条件1,条件2,条件3,…)

2.3.14 只能输入等于或大于前面单元格的日期

◆ 案例2-3

假若在 A 列区域要输入这样的日期数据：下一个单元格的日期只能大于或等于上一个单元格的日期，而不能小于上一个单元格的日期，那么，同样可以利用数据验证进行控制。

数据验证的设置如图 2-36 所示，主要步骤如下。

步骤 01 选择 A 列单元格区域（从第 2 行往下选中多行）。
步骤 02 打开"数据验证"对话框。
步骤 03 在"允许"下拉列表中选择"日期"。
步骤 04 在"数据"下拉列表中选择"大于"或"等于"。
步骤 05 在"日期"文本框中输入下面的公式：

=MAX($A$2:A2)

在这个公式中，利用 MAX 函数对输入的日期进行统计，得出前面已经输入的所有日期的最大值。注意，引用单元格区域的第 1 个单元格是绝对引用，而第 2 个单元格是相对引用。

这样，如果在下面的单元格中输入了比前面小的日期，就被认为是非法的日期，如图 2-37 所示。

图2-36　设置只能输入大于或等于上一个单元格的日期

图2-37　输入了非法的日期

2.3.15 当特定单元格输入数据后才可输入数据

在大多数情况下，数据表单的第 1 列是关键字段，不能是空白单元格，但其他列可以根据实际情况来输入或者不输入数据。如果在数据表单的第 1 列没有输入数据，那么，其他各列的数据就无法判断是属于哪类的。比如，是哪天的数据，哪个销售人员的数据，哪个城市的数据，哪个部门的数据等。

为了防止在数据表单的第 1 列没有输入数据时就在其他列输入数据，可以利用数据验证进行输入控制。

案例2-4

假设数据表单是工作表的 A 列至 H 列，A 列为关键字段列，必须在 A 列的单元格中输入数据后，才能在 B 列至 H 列对应行的单元格里输入数据，我们可以进行如下的数据验证设置。

步骤 01 选择单元格区域 B2:H1000（根据实际情况选择到一定的行）。

步骤 02 在"数据验证"对话框的"允许"下拉列表中选择"自定义"，在"公式"文本框中输入下面的公式，如图 2-38 所示。

```
=COUNTA($A2)>0
```

图2-38 设置数据验证，判断A列单元格是否输入了数据

这个公式是很容易理解的：对 B 列至 D 列的每个单元格，都会利用函数 COUNTA 来统计该行对应 A 列的单元格是否为空。如果不为空，那么函数 COUNTA 的返回值为 1，公式"=COUNTA($A2)>0"的返回值就是 TRUE，因而数据是有效的；反之，如果对应 A 列的单元格为空，那么函数 COUNTA 的返回值为 0，这样公式"=COUNTA($A2)>0"的返回值就是 FALSE，因而数据是无效的。

步骤 03 选择"出错警告"选项卡，在"错误信息"文本框中输入出错时的提示信息"A 列对应单元格没有数据！"，如图 2-39 所示。

步骤 04 单击"确定"按钮，关闭"数据验证"对话框。

这样，如果 A 列的单元格中没有数据，那么，在 B 列至 H 列对应的任一单元格中都是不允许输入数据的，如图 2-40 所示。

图2-39 设置错误提示信息

图2-40 A列没有输入数据时，不允许在B列至H列对的任一应单元格中输入数据

> **函数说明：COUNTA**
>
> COUNTA函数用来统计单元格区域内不为空的单元格个数。用法如下：
> =COUNTA(单元格区域)

2.3.16 上一行单元格全部输入数据后才能在下一行输入新数据

在大多数的表单中，作为一个完整的数据记录清单，每一条记录的信息都应该是完整的，因此，在输入数据时要保证每行的每个单元格都输入了数据。如果在某行的单元格没有全部输入数据，那么在下一行就不能开始输入新的数据，除非上一行的所有单元格都输入了数据。利用数据验证，很容易就可以实现这个目的。

案例2-5

假设数据清单区域是A列至H列，并要求必须在上一行单元格都输入数据后才能在下一行输入数据，则设置数据验证的具体步骤如下：

步骤01 选择A列至H列的单元格区域A2:H1000（根据实际情况选择到一定的行）。

步骤02 打开"数据验证"对话框。

步骤03 在"允许"下拉列表中选择"自定义"，在"公式"文本框中输入下面的公式，如图2-41所示。

=COUNTA($A2:$H2)=8

这个公式不难理解：当在本行的某个单元格中输入数据时，都会对上一行A列至H列的单元格利用函数COUNTA来统计数据不为空的单元格个数。如果上一行A列至H列不为空的单元格个数恰好等于8，表明上一行所有单元格都输入了数据，那么就可以在下一行开始输入新的数据，否则就被禁止。

步骤04 选择"出错警告"选项卡，在"错误信息"文本框中输入出错时的提示信息"上一行还没有输全数据！"，如图2-42所示。

步骤05 单击"确定"按钮，关闭"数据验证"对话框。

图2-41 设置数据验证条件　　　　图2-42 设置错误提示信息

这样，如果在某行没有全部输入数据，那么就不能在下一行中输入新的数据，如

图 2-43 所示。

图2-43　第3行还没有输全数据，因此在第4行中的任一单元格中均不能输入新的数据

2.3.17　必须满足多个条件才能输入数据

在实际工作表中，一个标准的、完善的数据管理表单，应当是数据完整并且符合规则要求的。为了防止输入不规范的数据，或者输入的数据不完整，应当在输入数据时进行控制。因此，实际管理表单在很多情况下需要设置很多条件，并进行多种限制。

案例2-6

图 2-44 所示是一个简单的员工信息管理表单，A 列保存工号，对 A 列的要求如下。
（1）只能输入 4 位工号。
（2）不允许重复。
（3）必须保证上一行所有数据都输入完毕，才能在下一行输入新的工号。

图2-44　一个简单的员工信息管理表单

这是一个多条件的数据有效性问题。对 A 列输入工号有效性进行设置的具体步骤如下。

步骤01　选择 A 列从第 2 行开始的单元格区域 A2:A1000（或选中需要的行）。
步骤02　打开"数据验证"对话框。
步骤03　选择"设置"选项卡，在"允许"下拉列表中选择"自定义"，在"公式"文本框中输入如下公式：

=AND(LEN(A2)=4,COUNTIF($A$2:A2,A2)=1,COUNTA($A1:$E1)=5)

效果如图 2-45 所示。

这个公式有如下 3 个条件。

条件 1：LEN(A2)=4，限制只能输入 4 位工号。

条件 2：COUNTIF($A$2:A2,A2)=1，限制不能输入重复工号。

条件 3：COUNTA($A1:$E1)=5，限制并保证上一行数据都已经全部输入。

图2-45 多个条件的数据验证设置

步骤 04 选择"出错警告"选项卡，在"错误信息"文本框中输入出错时的提示信息，如图2-46所示。

步骤 05 单击"确定"按钮，关闭"数据验证"对话框。

这样，在A列输入的工号，必须完全满足前面要求的基本条件，否则不允许在下一行输入新的工号，如图2-47所示。

图2-46 "数据验证"对话框　　　　图2-47 不能输入新的工号，因为不满足条件

2.3.18 清除数据验证

清除数据验证是很简单的，先定位要清除的数据验证区域，然后打开"数据验证"对话框，再单击"全部清除"按钮即可，如图2-48所示。

图2-48 清除数据验证

2.3.19 数据验证的几个注意点

在使用数据验证时，需要特别注意的是：数据验证只能控制纯手工输入的数据，无法控制填充数据、复制和粘贴数据等，这种操作会破坏已设置的数据验证规则，使数据验证失去作用。

如果已经在单元格输入了数据，后来才设置的数据验证，那么对原来的数据是没有影响的，仅仅对以后输入新数据才有影响。

2.4 使用函数自动输入基本数据

在基础表单中，有些情况下，要输入的数据是一些已有的基本资料，这些基本资料是根据前面已经输入的数据查询或者计算出来的。例如，员工性别、出生日期，可以根据已输入的身份证号码直接计算得到；年龄可以根据生日自动计算出来；工龄可以根据入职日期自动计算；产品规格可以根据产品名称从基本资料表中自动查找获取等。这些数据不需要再手工输入，可以直接使用函数提取。

2.4.1 从已输入的基本数据中提取和计算重要数据

案例2-7

有学生问："老师，如何从身份证号码中提取性别、生日，并计算截止到当天的年龄？"也就是说，已经输入了身份证号码，需要从这个身份证号码中把性别、生日和年龄这3个重要的信息数据提取出来，分别保存到单独的单元格中。

在从身份证号码中提取性别和生日时，需要使用的函数有 IF、MID、ISEVEN（或者 ISODD）、TEXT 等，而计算年龄时，可以使用 DATEDIF 函数。

图 2-49 所示就是从身份证号码中提取性别、生日，计算年龄的例子。此时有关单元格的公式如下。

单元格 C2，提取性别：

`=IF(ISEVEN(MID(B2,17,1)),"女","男")`

单元格 D2，提取生日：

`=1*TEXT(MID(B2,7,8),"0000-00-00")`

单元格 E2，计算年龄：

`=DATEDIF(D2,TODAY(),"y")`

	A	B	C	D	E
1	姓名	身份证号码	性别	出生日期	年龄
2	张三	110108197602193275	男	1976-2-19	42
3	李四	31010519861031237x	男	1986-10-31	31
4	王五	310108198805012384	女	1988-5-1	30

图2-49 从身份证号码中提取性别和出生日期

根据《公民身份号码》(GB11643—1999) 中有关公民身份证号码的规定，公民身份证号码是特征组合码，由17位数字本体码和1位数字校验码组成。排列顺序从左至右依次为：6位数字地址码、8位数字出生日期码、3位数字顺序码和1位数字校验码（校验码如果是数字10，就用罗马字母X来代替），如图2-50所示。

11010819760219327

图2-50 身份证号码里的信息

第7位开始往后连续的8个数字是出生日期，使用MID函数将这8个数字取出，再用TEXT函数将其按照日期格式处理为文本型日期，最后把文本型日期转换为数值型日期。

第17位数字是判断性别，偶数是女，奇数是男。利用MID函数取第17位数字，再用ISEVEN判断是否为偶数，最后用IF函数处理判断的结果，在单元格中输入"女"或"男"。

> **函数说明：MID**
>
> MID函数用来从字符串中指定位置开始，取指定个数的字符。用法如下：
> =MID(字符串,取数的起始位置,要提取的字符个数)
> 以图2-49的数据为例，公式"=MID(B2,17,2)"的结果就是第17位的数字8。

> **函数说明：ISEVEN**
>
> ISEVEN函数用来判断一个数字是否为偶数，如果是偶数，结果为TRUE。用法如下：
> =ISEVEN(数字)
> 例如，公式"=ISEVEN(6)"的结果是TRUE，因为数字6是偶数。
> 公式"=ISEVEN(7)"的结果是FALSE，因为数字7不是偶数。

> **函数说明：IF**
>
> IF函数用来根据指定的条件，得到要么是A要么是B的结果。用法如下：
> =IF(条件判断,条件成立的结果A,条件不成立的结果B)
> 例如，公式"=IF(A1>10,200,0)"，就是判断单元格A1的数据是否大于10，如果大于10，就输入200，否则就输入0。

> **函数说明：TEXT**
>
> TEXT函数用来把数字转换为指定格式的文字。用法如下：
> =TEXT(数字,格式代码)
> 例如，公式"=TEXT(19751202,"0000-00-00")"的结果就是1975-12-02。
> 公式"=TEXT(TODAY(),"mmmm")"的结果是April(假设TODAY是2018年4月25日)。

> **函数说明**：DATEDIF函数
>
> DATEDIF函数用于计算指定的类型下，两个日期之间的期限。用法如下：
> =DATEDIF(开始日期,截止日期,格式代码)
> 函数中的"格式代码"意义如下(字母不区分大小写)。
>
> | 格式代码 | 意义 |
> | --- | --- |
> | "Y" | 时间段中的总年数 |
> | "M" | 时间段中的总月数 |
> | "D" | 时间段中的总天数 |
> | "YM" | 两日期中多出的整数月数，忽略日期数据中的年和日 |
> | "MD" | 两日期中多出的天数，忽略日期数据中的年和月 |
>
> 例如：某职员进公司日期为2001年3月20日，离职时间为2018年5月28日，那么他在公司工作了多少年、零多少月和零多少天？
> - 整数年：=DATEDIF("2001-3-20","2018-5-28","Y")，结果是17。
> - 零几个月：=DATEDIF("2001-3-20","2018-5-28","YM")，结果是2。
> - 零几天：=DATEDIF("2001-3-20","2018-5-28","MD")，结果是8。
>
> 注意：DATEDIF是隐藏函数，在"插入函数"对话框中是找不到的。

2.4.2 从基本资料表中查询获取数据

当设计的数据管理模板是由几个表单构成，其中记录表的某些数据需要根据指定的条件，从基本资料表中查询出来。此时，可以使用相关的查找函数来快速输入。

案例2-8

例如，在销售记录表中，根据输入的产品名称，自动输入该产品的规格，如图2-51所示。此时有关单元格的公式如下。

单元格C2，自动输入商品编码：
=VLOOKUP(B2,产品资料!$A:$C,2,0)

单元格D2，自动输入商品规格：
=VLOOKUP(B2,产品资料!$A:$C,3,0)

图2-51 利用公式自动输入商品编码和规格

35

> **函数说明：VLOOKUP**
>
> VLOOKUP函数用来从一个区域内，把满足指定条件的某列数据查找出来。用法如下：
> =VLOOKUP(匹配条件值,查找区域,取数的列位置,匹配模式)
> 这个函数，我们将在后面的有关章节中进行详细介绍。

2.4.3 根据条件输入数据

有时，根据表单的某列数据，需要自动计算并输入另一个重要的数据，如年休假、工龄工资、津贴等。此时，也可以使用函数来处理。

案例2-9

图 2-52 所示就是一个年休假表单，根据每个人的工龄，自动输入该员工的年休假天数。这里规定，工作满 1 年不满 10 年的，休假 5 天；满 10 年不满 20 年的，休假 10 天；满 20 年及以上的，休假 15 天。

此时，单元格 F2 的年休假计算公式为：

```
=IF(E2<1,0,IF(E2<10,5,IF(E2<20,10,15)))
```

这是一个嵌套 IF 函数的具体应用，关于如何快速准确输入嵌套 IF，我们将在后面的章节进行详细介绍。

	A	B	C	D	E	F	G
1	工号	姓名	性别	开始工作时间	工龄(年)	年休假天数	
2	0001	AAA1	男	2000-07-01	17	10	
3	0002	AAA2	女	2006-08-03	11	10	
4	0003	AAA3	男	2004-07-26	13	10	
5	0004	AAA4	男	2016-08-01	1	5	
6	0005	AAA5	男	2013-06-04	4	5	
7	0006	AAA6	男	1978-04-21	40	15	
8	0007	AAA7	男	2002-05-22	15	10	
9	0008	AAA8	女	2005-08-15	12	10	

图2-52 利用函数自动计算输入重要数据

2.5 使用智能表格自动复制公式

在一个基础表单中，当一些数据是利用公式来获取的时候，该如何实现公式往下的自动复制？很多人的做法是往下拉足够量的公式，这样的做法是不科学的。因为公式越多，计算速度越慢，而且拉下来的公式，当没有数据时，要么出现错误值，要么出现相同数字。不得不再次使用 IF 或者 IFERROR 函数进行处理，这又降低了计算速度。

正确的做法是：对表单创建智能表格。这样不仅可以往下自动复制公式，还可以利用智能表格进行基本的数据分析。

2.5.1 如何创建智能表格

以上面的年休假表单为例（其中的工龄和年休假天数都是由公式计算出来的），创建智能表格的方法如下。

步骤01 单击数据区域的任一单元格。

步骤 02 单击"插入"→"表格"按钮，如图 2-53 所示。
步骤 03 打开"创建表"对话框，如图 2-54 所示。
步骤 04 检查是否勾选了"表包含标题"复选框，如果没有，一定要勾选。
步骤 05 单击"确定"按钮，就将原始的表单创建了智能表格，如图 2-55 所示。

图 2-53 "表格"按钮

图 2-54 "创建表"对话框

图 2-55 创建的智能表格

可以通过"设计"选项卡对表格的样式进行设置，以使其更美观，如图 2-56 所示。从中选择一种自己喜欢的样式或者自定义表格样式，效果如图 2-57 所示。

图 2-56 表格样式

图 2-57 重新设置表格样式

2.5.2 表单中间插入行时，公式会自动复制

我们经常会做这样的事情：在表格中插入空行后，公式无法自动自制到空行，不得不往下拉公式，是不是很烦心？

对于智能表格而言，这已经不是问题了，不管是插入一个空行，还是插入几个空行，公式会自动向下复制，如图 2-58 所示。

图 2-58 插入空行，公式会自动复制

37

2.5.3 表单底部输入新数据时，可以调整表格大小来自动复制公式

如果在智能表格底部输入新的数据，是无法往下自动填充格式及自动复制公式的，此时，可以用鼠标对准表格右下角的调整柄，按住左键往下拖即可将表格区域往下扩展，各种格式及公式也跟着往下填充和复制，如图 2-59 所示。

图 2-60 所示就是这种操作后的效果。

图2-59 表格右下角的调整柄　　　　图2-60 手工往下扩展表格区域

2.5.4 先创建智能表格，后做的公式是什么样的

如果是对数据区域先创建智能表格，然后输入公式，那么单元格的引用就不是一个具体的单元格地址了，而是一种"@字段标题"的引用方式（图 2-61），并且每个单元格的公式是一模一样的。这与常规的完全不同，务必注意。

图2-61 智能表格中公式引用单元格的方式

2.6 快速输入数据的常用技巧

对于很多的数据输入，如果掌握了一些实用的小技巧，可以达到事半功倍的效果，同时也有一种自我满足感和愉悦感。但是，这种小技巧并不是 Excel 的核心，建议不要把太多的精力放到这上面。

2.6.1 快速输入当前日期

如果要输入当前的日期，可以按 Ctrl+; 组合键。但要注意，这个日期是计算机系统的日期，如果计算机系统日期不对，那么输入的日期也是错误的。

2.6.2 快速输入当前时间

如果要输入当前的时间，可以按 Ctrl+Shift+; 组合键。但要注意，这个时间也是计算机系统的时间，如果计算机系统时间不对，那么输入的时间也是错误的。另外，输

入的时间是没有秒的，仅仅是输入了时和分。

2.6.3 快速输入当前完整的日期和时间

先按 Ctrl+; 组合键，输入当前日期；按空格键，输入一个空格；再按 Ctrl+Shift+; 组合键，输入当前时间，就得到了一个有日期和时间的数据。

2.6.4 快速输入上一个单元格数据

按 Ctrl+D 组合键，可以快速把上一个单元格数据填充到下面的单元格。这里字母 D 就是英文单词 Down 的意思，即往下。

2.6.5 快速输入左边单元格数据

按 Ctrl+R 组合键，可以快速把左边单元格数据填充到右边的单元格。这里字母 R 就是英文单词 Right 的意思，即往右。

2.6.6 快速批量输入相同数据

如果要在一个单元格区域输入相同的数据，可以先选择这些单元格，然后在键盘上输入数据，按 Ctrl+Enter 组合键即可。

这种方法，不仅可以处理连续的单元格区域，也可以处理不连续的单元格区域。

2.6.7 快速输入企业内部规定的序列数据

很多情况下，企业内部对数据的处理是有特殊要求的，例如，按照自己内部规定的次序排序，快速输入规定的所有项目。

我们可以对这样的特殊项目建立一个自定义序列，然后就可以快速输入序列数据，或者进行自定义排序了。

建立自定义序列的方法和步骤如下。

步骤01 先在任一工作表中输入如下序列数据，如图 2-62 所示。

步骤02 执行"文件"→"选项"命令，打开"Excel 选项"对话框，如图 2-63 所示。

图2-62 输入序列数据　　图2-63 "Excel选项"对话框

步骤03 选择"高级"选项卡，向下找到"编辑自定义列表"按钮，如图 2-64 所示。

图2-64 "编辑自定义列表"按钮

步骤 04 单击该按钮,打开"选项"对话框,然后用鼠标点选工作表中的序列数据区域,单击"导入"按钮,就将该序列固化到了本地计算机的Excel程序中(如图2-65所示),以后本计算机上的任何一个工作簿都可以使用这个序列数据了。

步骤 05 单击"确定"按钮,关闭对话框。

这样,只要在工作表某个单元格输入该序列的任意一个项目,然后往右拖动单元格或者往下拖动单元格,就可快速得到该序列的各个项目名称,如图2-66~图2-68所示。

图2-65 将要求的序列数据导入到Excel

图2-66 输入该序列的某个项目

图2-67 往右拖动单元格,快速填充输入数据

图2-68 往下拖动单元格,快速填充输入数据

2.6.8 建立简拼词典并快速输入数据

为了快速输入一些常见的汉字名称，我们还可以建立一个简拼词典来快速输入这些常见的汉字名称。例如，在单元格里输入 gsyh，然后按 Enter 键，就可以得到"中国工商银行股份有限公司"，对此可以进行如下的设置。

步骤 01 打开"Excel 选项"对话框，切换到"校对"选项卡，找到"自动更正选项"按钮，如图 2-69 所示。

步骤 02 单击"自动更正选项"按钮，打开如图 2-70 所示"自动更正"对话框，在"替换"文本框中输入简拼字母 gsyh，在"为"文本框中输入"中国工商银行股份有限公司"，然后单击"添加"按钮，就将该简拼保存到了本地计算机的 Excel 程序中。

图2-69　"自动更正选项"按钮　　　图2-70　"自动更正"对话框

这样，只要在单元格中输入 gsyh 4 个字母（如图 2-71 所示），按 Enter 键，就可得到中文名称，如图 2-72 所示。

图2-71　输入字母gsyh　　　图2-72　按Enter键，得到中文名称

需要注意的是，只要不从 Excel 选项中删除代码，该代码以后会永远存在。删除这个代码的方法是：打开"自动更正"对话框，在"替换"文本框中输入字母 gsyh，就会自动选择该编码和名称，然后单击"删除"按钮即可，如图 2-73 所示。

图2-73　准备删除自定义编码

对于一些常用的名称（例如产品名称、客户名称、项目名称等），建议在自己的计算机上建立简拼代码，这样可以提高数据输入的效率和准确率。

2.6.9 通过自动填充选项快速输入特殊的序列数据

当在一个单元格输入数据，并按住该单元格右下角的填充柄往下拖动单元格时，如果希望能够快速输入一个特定的序列数据，可以使用自动填充选项来实现这个目的。

不同类型的数据往下填充时，自动填充选项会出现不同的选择，如图2-74所示。根据需要，选择一个项目即可。

图2-75所示就是在某列输入工作日日期的例子。先输入第1个单元格的日期，然后往下拖动单元格，在自动填充选项中，选择"填充工作日"即可。

图2-74　自动填充选项里的项目　　图2-75　快速输入工作日日期

2.6.10 通过公式快速输入特殊的序列数据

有些情况下，我们需要输入特殊的序列数据。比如，要输入一个有规律的编码表，要输入从1开始编号的产品编码AHS-001、AHS-002、AHS-003等，此时，可以使用函数来完成，如图2-76所示。单元格A2的公式如下：

```
="AHS-"&TEXT(ROW(A1),"000")
```

图2-76　快速输入特殊的编码表

> **函数说明：ROW**
>
> ROW函数用于获取单元格的行号数字。用法如下：
>
> =ROW(单元格引用)
>
> 例如，公式"=ROW(A5)"就是获取单元格A5的行号，结果是数字5。

2.6.11 利用快速填充工具高效输入数据

在 Excel 2016 中，有一个快速填充工具，它可以根据左边列或者右边列的数据规律，在当前列中快速填充数据。

例如，图 2-77 中 A 列数据是由数字和汉字构成的，现在要在 B 列输入 A 列的数字部分，可以采用下面的步骤快速完成。

步骤 01 先手工在 B2 单元格输入 A2 单元格的数字，如图 2-78 所示。

图 2-77　准备从A列获取数字，输入到B列　　图 2-78　先输入第一个单元格的数字

步骤 02 选择包含 B 列第 1 个输入数字的单元格在内的区域，如图 2-79 所示。

步骤 03 单击"选择"→"快速填充"按钮，如图 2-80 所示。

图2-79　选择单元格区域　　　　　图2-80　"快速填充"按钮

此时，就会自动得到图 2-81 所示的结果，十分智能化。

图2-81　自动填充A列单元格数据左侧的数字

这种智能化的处理，依赖于原始数据的必须有规律可循的特质。如果原始数据没什么规律，或者规律较乱，就可能得不到你想要的结果。

2.6.12 在单元格分行输入数据

有些特殊的表格中，希望把几段文字在一个单元格内分行输入，很多人会采用一种非常不可取的方法：在文字后面加空格，然后调整列宽，看起来似乎是分行了。这种做法无可厚非，因为有人不知道还有一个 Alt+Enter 组合键可以完成这样的输入。在单元格中输入某段文字后，按 Alt+Enter 组合键，然后再输入另一行文字，再按 Alt+Enter 组合键，再输入第 3 行文字，以此类推。图 2-82 所示就是输入的效果。

图2-82　在单元格分行输入数据

2.7 设计基础表单综合练习

了解了表单设计的基本原则，以及要用到的一些基本技能，我们以一个简单的人力资源管理中的员工信息表单为例，来说明基础表单的设计方法、技巧和步骤。

扫码看视频

◎ 案例2-10

2.7.1 表单字段详细描述

各个字段的基本要求如下。

- 员工工号只能是4位编码，且不允许重复。
- 员工姓名中不允许输入空格。
- 所属部门必须快速准确输入企业存在的部门，要名称统一。
- 学历必须快速规范输入。
- 婚姻状况要快速规范输入。
- 身份证号码必须是18位的文本，不允许重复。
- 出生日期、年龄、性别从身份证号码中自动提取。
- 入职时间必须是合法的日期。
- 本公司员工工龄自动计算得出。
- 表格自动美化。

2.7.2 表格架构设计

根据人力资源中对员工信息管理和分析的需要，创建一个工作表，命名为"员工信息"，数据列标题如图2-83所示。

图2-83　员工基本信息表格架构

2.7.3 规范工号的输入

使用数据验证，可以限制在A列里只能输入4位编码，并且不允许输入重复工号。

选择区域 A2:A200（假设人员不超过 200 人，可以根据实际情况选择一个合适的行数，但不能选择整列！），打开"数据验证"对话框，在"允许"下拉列表中选择"自定义"，输入如下的验证公式，如图 2-84 所示。

```
=AND(LEN(A2)=4,COUNTIF($A$2:A2,A2)=1)
```

图2-84 设置工号的数据验证条件

2.7.4 规范姓名的输入

选中单元格区域 B2:B200，设置数据验证，其数据验证的自定义公式如下，如图 2-85 所示。

```
=SUBSTITUTE(B2," ","")=B2
```

这个公式的原理是，先使用 SUBSTITUTE 函数把输入姓名中的所有空格替换掉，然后再跟输入的姓名进行比较，如果两者相等，表明输入的姓名中没有空格，否则就是有空格，就不允许输入到单元格。注意，这个设置仅仅限制汉字姓名。

图2-85 设置数据验证，不允许在姓名文本中输入空格

> **函数说明：SUBSTITUTE**
>
> SUBSTITUTE函数用于把一个字符串中指定的字符，替换为新的字符。用法如下：
> = SUBSTITUTE(字符串,旧字符,新字符,替换第几个出现的)
> 例如，要把字符串"北京市北京西路"的第一个"北京"替换为"上海"，公式如下：
> =SUBSTITUTE("北京市北京西路","北京","上海",1)
> 结果是"上海市北京西路"。

2.7.5 快速输入部门名称

假如企业的部门有总经办、财务部、人力资源部、贸易部、后勤部、技术部、生产部、销售部、信息部、质检部、市场部，那么选择单元格区域 C2:C200，设置数据验证的"序列"条件，如图 2-86 所示。这样，我们就可以从下拉列表里快速选择或者输入某个部门名称。

图2-86 设置序列的数据验证，快速选择输入部门名称

2.7.6 快速输入学历名称

员工的学历也是固定的几种。假若是以下几种学历：博士、硕士、本科、大专、中专、职高、高中、初中，那么选择单元格 D2:D200，设置数据验证的"序列"条件，如图 2-87 所示。这样，我们就可以从下拉列表中快速选择或者输入学历。

图2-87 设置"序列"的数据验证，快速选择输入学历

2.7.7 快速输入婚姻状况

E 列输入员工的婚姻状况。婚姻状况就两种数据：已婚和未婚，因此也使用数据验证来控制输入，也就是在"数据验证"对话框的"来源"文本框中输入"已婚,未婚"，如图 2-88 所示。

图2-88 设置"序列"的数据验证，快速选择输入婚姻状况

2.7.8 输入不重复的 18 位身份证号码

每个员工的身份证号码是不重复的，并且必须是 18 位，因此，在单元格 F 列输入身份证号码时需要使用数据验证来控制。

首先将 F 列单元格格式设置成文本，然后选择单元格区域 F2:F200，设置数据验证的"自定义"条件，输入如下公式，如图 2-89 所示。

`=AND(LEN(F2)=18,COUNTIF($F$2:F2,F2&"*")=1)`

图2-89 设置数据验证，只能输入不重复的18位身份证号码

2.7.9 自动输入性别

员工性别从身份证号码中自动提取，不需要人工输入。选择单元格区域 G2:G200，输入如下公式：

```
=IF(F2="","",IF(ISEVEN(MID(F2,17,1)),"女","男"))
```

这里，首先判断 F 列是否已经输入身份证号码，如果没输入，就不计算性别。如果 F 列已经输入了身份证号码，就计算性别。

2.7.10 自动输入出生日期

员工的出生日期也是从身份证号码中自动提取的，不需要人工输入。选择单元格区域 H2:H200，输入如下公式：

```
=IF(F2="","",1*TEXT(MID(F2,7,8),"0000-00-00"))
```

2.7.11 自动计算年龄

有了出生日期，我们就可以使用 DATEDIF 函数自动计算年龄。选择单元格区域 I2:I200，输入如下公式：

```
=IF(F2="","",DATEDIF(H2,TODAY(),"y"))
```

2.7.12 规范输入入职时间

入职时间是一个非常重要的数据，因为要根据这列日期计算工龄，分析流动性。由于这列日期要手工输入，就必须规范输入的入职时间数据合法有效，即要输入正确格式的日期，同时不能小于某个日期（如 1980-1-1），也不能是今天以后的日期。选择 J2:J200 单元格，设置入职时间的数据验证，如图 2-90 所示。

图2-90 设置数据验证，控制规范输入员工的入职时间

2.7.13 自动计算本公司工龄

有了入职时间，我们就可以使用 DATEDIF 函数自动计算本公司工龄。选择单元格区域 K2:K200，输入下面的公式，就可以自动得到员工的本公司工龄。

```
=IF(J2="","",DATEDIF(J2,TODAY(),"Y"))
```

2.7.14 保证员工基本信息的完整性

由于 B 列至 K 列是员工的最基本信息，是不能缺少这些数据的。因此，需要保证每个员工基本信息完整不缺。选择 B2:B200 单元格区域，把数据验证的条件公式进行如下修改：

```
=AND(SUBSTITUTE(B2," ","")=B2,COUNTA($B1:$K1)=10)
```

也就是增加了一个条件 COUNTA($B1:$K1)=10，它用来判断上一行的 B 列至 K 列的数据是否都完整了（共有 10 列数据），如图 2-91 所示。

图2-91　B列姓名设置两个验证条件：不允许有空格和上一行不能有空单元格

2.7.15 创建智能表格

对表单创建智能表格，并选择一个合适的表格样式。这样方便数据管理，在插入行后也能自动往下复制公式。

2.7.16 数据输入与数据维护

设计好表格结构，利用函数和数据验证对数据的输入和采集实现了规范和自动化处理，我们就可以一行一行地输入员工基本信息。如图 2-92 所示就是部分数据效果。

图2-92　员工基本信息表单

剩下的任务就是日常维护好这张表单，并利用函数或透视表，对这张基础表单数据进行分析，最后得出各种分析报告，比如，员工属性分析报告。

第 3 章
现有表格数据的快速整理与规范

在第 2 章中，我们介绍了如何从零做起，利用有关的技能来设计基础表单。实际工作中，我们会经常从管理系统软件导出各种各样的数据，然后就开始了"八仙过海，各显神通"，通过各种方法来整理这些数据，但是效率并不高，甚至不知道怎么整理。

这并不是我们自己设计的表格出现了问题，而是管理系统软件导出的数据本身就存在这样的问题。总结起来，常见的有以下几种情况。

- 非法日期，无法计算。
- 文本型数字，无法求和。
- 含有特殊字符，无法求和，查找不匹配。
- 不同类型数据保存在一个单元格。
- 空单元格，缺失数据。
- 莫名其妙的合并单元格，原来软件也犯这个错。
- 空行，不知为什么要这么做。
- 小计，纯属为了看起来方便。
- 二维表格，其实是一种简单的汇总表。
- 其他问题。

本章依照实际发生的问题，结合了大量的实际案例，为大家介绍了一些实用、高效的数据整理方法和技巧，帮助大家从那些繁琐的重复性劳动中解放出来。

3.1 修改非法日期

在第 2 章中已经说过，日期是正整数，不是文本字符串，但是在绝大多数情况下，从软件导出的数据表中，要么是非法的日期，要么是文本型日期，需要整理成为真正的日期。

3.1.1 如何判断是否为真正的日期和时间

输入到单元格的日期和时间可以被设置成各种显示格式，戴上不同的面具。此外，由于每个人都会根据自己的习惯输入日期和时间，但有些情况下输入的貌似日期和时间的数据并非日期和时间。那么，如何判断单元格的数据是否为日期和时间呢？

前面我们已经说过，日期和时间都是数字，这样，我们就可以采用下面两种最简单的方法来判断单元格的数据是否为日期和时间。

1. 查看是否右对齐

第一种方法是查看单元格的数据是否右对齐。因为数字的默认对齐方式是右对齐。因此，如果是日期和时间，它们必定默认的是右对齐格式。当然，我们也可以手工将数据设置成右对齐，此时，可能出现错误的判断。

2. 设置单元格格式

第二种方法是将单元格格式设置为"常规"或"数字"，看是否变为数字，如果显示成了数字，表明是真正的日期和时间；如果还是不变，表明是文本，不是日期或时间，如图 3-1 和图 3-2 所示。

图3-1 将单元格格式设置为"常规"或"数字"，日期显示为正整数，表示是真正日期

图3-2 将单元格格式设置为"常规"或"数字"，日期还是显示为原来的模样，表示是非法日期

3.1.2 修改非法日期的最简便、最实用的方法

将非法日期修改为真正日期的常用方法是使用分列功能。单击"数据"→"分列"按钮，如图 3-3 所示。打开"文本分列向导"对话框，在"第 3 步"中选择"日期"单选按钮，并根据实际情况，选择一种匹配的日期组合格式即可，如图 3-4 所示。

图3-3 "分列"按钮　　　　图3-4 文本分列向导第3步：选中"日期"单选按钮，并指定匹配的年月日组合

3.1.3 六位数字的非法日期

案例3-1

图 3-5 所示是从某人事管理软件导出的员工基本信息局部数据，E 列的出生年月日和 H 列的进公司时间都是错误的，需要将其转换成真正日期，以便能够计算年龄和工龄。

步骤01 首先选中 E 列。

步骤02 单击"数据"→"分列"按钮，打开"文本分列向导 – 第 1 步，共 3 步"对话框，保持默认设置，如图 3-6 所示。

图3-5 非法的出生年月日和进公司时间　　图3-6 "文本分列向导"对话框：第1步，默认

步骤03 单击"下一步"按钮，打开"文本分列向导 – 第 2 步，共 3 步"对话框，保持默认设置，如图 3-7 所示。

步骤04 单击"下一步"按钮，打开"文本分列向导 – 第 3 步，共 3 步"对话框，选中"日期"单选按钮，并从"日期"右侧的下拉列表中选择一个与单元格日期匹配的年月日组合，如图 3-8 所示。本案例中，单元格是"年月日"这样的格式（660805 就是 1966 年 8 月 15 日），因此选择 YMD。

图3-7 "文本分列向导"对话框:第2步,默认　　图3-8 "文本分列向导"对话框:第3步,选中"日期"

步骤 05 单击"完成"按钮,即将 E 列出生年月日数据转换为了真正的日期,如图 3-9 所示。

图3-9　E列的非法出生年月日数据转换成了真正的日期数据

采用相同的方法,将 H 列非法的时间数据转换为真正的日期数据,最后就得到了如图 3-10 所示数据规范的员工信息表。

图3-10　数据规范的员工信息表

3.1.4　八位数字的非法日期

案例3-2

图 3-11 所示是另外一种导出的由 8 个数字组成的非法日期,整理的方法仍然采用分列工具,即选择 A 列,打开"文本分列向导"对话框,在第 3 步中选中"日期"单选按钮,并在右侧的下拉列表中选择一个与单元格日期匹配的年月日组合即可,修改后如图 3-12 所示。

图3-11　8个数字组成的非法日期　　　图3-12　修改后的真正日期

3.1.5　句点分隔年月日的非法日期

案例3-3

图 3-13 所示是以句点分隔年月日数字的非法日期，这种日期常见于手工输入日期的场合。

这种非法日期的修改，既可以使用分列工具，也可以使用查找替换工具。后者是打开"查找和替换"对话框，然后在"查找内容"文本框中输入句点"."，在"替换为"文本框中输入符号"-"，单击"全部替换"按钮即可，如图 3-14 所示。

图3-13　以句点分隔年月日数字的非法日期　　　图3-14　"查找和替换"对话框

特别注意的是：一定先选择要修改的日期区域，再进行查找替换，不可不选择区域就查找替换，切记！这样做就会把其他单元格数字中的小数点给替换掉了。

3.1.6　年月日次序的文本格式日期

案例3-4

从某些管理软件导出的数据表，日期会是"年-月-日"格式的文本数据，看似是日期，实际上并不是真正的日期，如图 3-15 所示。

图3-15　A列是文本型日期，是文本，不是数字

这样的非法日期，可以使用分列工具快速完成，具体方法和步骤前面已经介绍过了。

3.1.7 月日年次序的文本格式日期

案例3-5

导出的数据表中，日期有可能是以"月日年"格式显示的文本型日期，如图 3-16 所示。

这种非法日期也可以使用分列工具快速修改，但需要注意的是，在"文本分列向导"的第 3 步中，不仅要选中"日期"单选按钮，还要从右侧下拉列表中选择 MDY 日期格式，如图 3-17 所示。

图3-16　以"月日年"格式显示的文本型日期　　图3-17　注意从下拉列表中选择MDY

3.1.8 日月年次序的文本格式日期

案例3-6

图 3-18 所示是从 ERP 导出的数据，A 列日期是按照日月年的次序排列的，并且日月年 3 个数之间是用一个空格隔开的。

图3-18　日月年3个数以空格隔开的非法日期

这个问题的解决方法仍然是使用分列工具，但是有两个注意事项。

（1）在"文本分列向导"的第 1 步中，一定要选中"分隔符号"单选按钮，因为在默认情况下，一般会自动选中"固定宽度"单选按钮，这样会无法转换日期，只会把日期分成了 3 列，如图 3-19 所示。

（2）在"文本分列向导"的第 3 步，选中"日期"单选按钮，从其右侧的下拉列表中选择 DMY 日期格式，如图 3-20 所示。

图3-19　选择"分隔符号"选项　　图3-20　注意从下拉列表中选择DMY

3.1.9　非法时间的处理

案例3-7

有些人为了省事，以带小数点的数字来表示时间。比如，2.33 表示 2 小时 33 分钟。这种数据表达方式，主要是出于快速输入时间考虑，但是这种数据并不能直接用于汇总分析，而必须把小数点数字时间转换为真正的时间，将 2.33 转换为 2:33。

这种类型的非法时间是很容易修改的，一般情况下，利用查找替换即可，也就是把小数点"."替换为冒号"："，如图 3-21 和图 3-22 所示。

图3-21　记录成小数的时间　　图3-22　查找替换整理成时间

但是，时间也可能输成了 3.1 的样子，它表示 3 小时 10 分钟，如果查找替换的话，就会变成了 3:01，这显然是错误的。此时，正确的做法是：使用相关的数学函数和时间函数进行处理，在单元格 C2 中输入下面的公式，然后往下复制，即可将带小数点数字表示的时间转换为真正的时间，如图 3-23 所示。

```
=TIME(INT(B2),(B2-INT(B2))*100,0)
```

	A	B	C	D
1	零件	加工时间	真正时间	
2	零件1	2.33	2:33	
3	零件2	4.15	4:15	
4	零件3	10.52	10:52	
5	零件4	8.28	8:28	
6	零件5	5.2	5:20	
7	零件6	7.39	7:39	
8	零件7	3.1	3:10	

图3-23　使用函数处理时间

这个公式的计算思路是：用 INT 函数把数字的整数部分取出，它是小时数字；再将原数字减去整数部分，得到的小数乘以 100，得到分钟数；最后是用 TIME 函数将小时数和分钟数合并为真正的时间。

> **函数说明：INT**
>
> INT 函数用于取数字的整数部分。用法如下：
>
> =INT(数字)
>
> 例如：INT(3.33) = 3，INT(8.28) = 8

> **函数说明：TIME**
>
> TIME 函数用于将3个分别表示时、分、秒的数字，组合成时间。用法如下：
>
> =TIME(时数字,分数字,秒数字)
>
> 例如：公式"=TIME(8,20,55)"的结果是 8:20:55

3.2 转换数字格式

数字在 Excel 里有两种保存方式：纯数字和文本型数字。

纯数字用来表示数量、单价、金额等，需要能够进行加减乘除类的算术计算。

文本型数字用来处理编码类数字，例如，邮政编码、科目编码、电话号码、银行账号、身份证号码等，因为这些数字不需要用来进行加减乘除类的算术计算。

然而，在实际工作中，很多人在数字的这两种格式之间糊涂了，以至于拿到的数字根本就无法用函数 SUM 求和，或者明明看到有一个数据 1001，但是用 VLOOKUP 函数就是找不到。造成这样问题的原因，应该是纯数字的被处理成了文本型数字，是文本型数字的却被处理成了纯数字，或者在一列里，既有文本型数字也有纯数字。

3.2.1　快速辨认纯数字和文本型数字

文本型数字的本质是文本，是由数字构成的文本。因此在单元格中，它会自动左对齐。而对于纯数字来说，它会自动右对齐。这是第一眼的判断。

此外，在一般情况下，如果是文本型数字，会在单元格左上角显示一个绿色的小三角，表明这是文本型数字。点开这个标记，会出现几个选项，第一个就是"以文本形式存储的数字"，如图 3-24 所示。

图3-24　文本型数字单元格左上角一般会显示一个绿色小三角

有些情况下，单元格左上角没有绿色小三角，但仍然是文本型数字，此时不能凭眼睛直接判断。最简单的方法是使用 SUM 函数求和，如果能得到结果，就是纯数字；如果结果是 0，表明是文本型数字。因为 SUM 函数的规则是：只计算纯数字，对于文本（包括文本型数字）会忽略掉。

3.2.2　文本型数字能计算吗

Excel 有一个计算规则，文本型数字是可以直接加减乘除的，其原理就是一边转换一边计算，但文本型数字是无法直接使用 SUM、SUMIF、SUMIFS 函数进行求和。

案例3-8

图 3-25 所示就是一个例子，使用 SUM 函数求和的结果是 0，而使用直接相加的公式是有结果的。

◎ 单元格 F2：

```
=SUM(B2:E2)
```

◎ 单元格 G2：

```
=B2+C2+D2+E2
```

图3-25　文本型数字的计算：无法用SUM函数，但可以直接加减乘除

3.2.3　将文本型数字转换为纯数字的六大法宝

在实际数据处理中，我们不可能对大量的文本型数字进行加减乘除这样最原始的计算，而是需要使用函数快速汇总。因此，为了让文本型数字能够使用函数进行计算，需要先将文本型数字转换为纯数字。

将文本型数字快速转换为纯数字有如下 6 大法宝。

法宝1　智能标记

利用智能标记将文本型数字转换为数值的方法非常简单。首先选择要转换的单元格或单元格区域，单击智能标记，在弹出的下拉列表中选择"转换为数字"选项即可，如图3-26所示。

图3-26　利用智能标记将文本型数字转换为数值

尽管利用智能标记的方法非常简单，但也只能用在有智能标记的场合。另外，这种转换的本质是一个一个单元格的循环转换，当数据量非常大时，转换速度会非常慢，甚至可能发生停止响应这种情况。

另外，在没有智能标记的情况下，就无法使用这种方法了，这时就需要采用别的方法。

法宝2　选择性粘贴

这种方法也比较简单，适用性更广，具体如下。

步骤01 先在某个空白单元格输入数字1。

步骤02 复制这个数字1的单元格。

步骤03 选择要进行数据转换的单元格或单元格区域。

步骤04 打开"选择性粘贴"对话框，选中"数值"单选按钮（选中这个单选按钮，是为了防止破坏表格已经设置好的格式），并选中"乘"或者"除"单选按钮，如图3-27所示。

步骤05 单击"确定"按钮。

步骤06 把数字1的单元格删除。

图3-27　利用选择性粘贴将文本型数字转换为纯数字

我们也可以在某个空白单元格内输入数字0。此时，在选择性粘贴对话框中，就需要选中"加"或"减"单选按钮了。

选择性粘贴的方法特别适用于数据量大、有很多行很多列的场合。但是，选择性粘

58

贴要经过几个步骤才能完成。如果只有一两列文本型数字，但是有上千行甚至上万行，就没必要搞得这么复杂，使用分列工具即可。

法宝 3　分列工具

使用分列工具转换文本型数字非常简单，选择要转换数据的某列，单击"数据"→"分列"按钮，打开"文本分列向导"对话框，在第 1 步中直接单击"完成"按钮，如图 3-28 所示，就可以将该列的文本型数字转换为纯数字。

但这种方法每次只能选择一列进行转换，因为分列工具只能作用在一列中。如果要转换的文本型数字有很多列，使用这种方法就比较繁琐了。

图3-28　使用分列工具直接转换某列的文本型数字

法宝 4　VALUE 函数

很多情况下，数据是从管理软件里直接导出的，我们也不想改动这样的数据，因为需要使用导出的原始数据来制作动态数据分析模板，此时，就需要在公式中直接进行转换了。

例如，对图 3-29 中的文本型数字，可以联合使用 SUM 函数和 VALUE 函数创建数组公式直接求和，公式如下：

=SUM(VALUE(B2:E2))

	A	B	C	D	E	F
1	产品	华北	华东	华南	华中	合计
2	产品1	850.39	996.45	907.10	636.81	3390.75
3	产品2	523.71	923.29	988.49	414.82	2850.31
4	产品3	572.60	945.88	539.38	656.48	2714.34
5	产品4	969.52	1,018.11	682.22	802.14	3471.99
6	产品5	835.37	432.54	263.94	400.58	1932.43
7	产品6	100.50	327.40	897.75	894.43	2220.08
8	产品7	124.83	827.87	989.73	1,174.54	3116.97

图3-29　在计算公式中直接转换文本型数字

> **函数说明**：VALUE
>
> VALUE 函数用于将文本型数字转换为纯数字。用法如下：
>
> =VALUE(文本型数字)
>
> 例如：公式"=VALUE("1048.57")"的结果是数字1048.57。

> **数组公式小知识：**
>
> 数组公式是对一个或多个数组进行计算的公式，输入数组公式必须同时按 Ctrl+Shift+Enter 三个键才能真正完成。
>
> 当数组公式完成后，在编辑栏里会看到公式的前后出现了一对大括号，表明该公式是数组公式。
>
> 如果单击编辑栏，该大括号会自动消失。
>
> 这对大括号是自动显示出来的，而不是手工加上去的。切记！切记！！

法宝 5　两个减号

在公式中直接进行转换，除了使用 VALUE 函数外，还可以使用两个减号做公式。例如，以图 3-29 所示数据为例，数组公式为：

```
=SUM(--B2:E2)
```

这个道理很容易理解，两个负号就相当于两个 -1 相乘，负负得正。这种转换的本质就是利用了文本型数字可以直接做加减乘除计算。

法宝 6　乘以 1 或者除以 1

在选择性粘贴中，使用了乘以 1 或者除以 1 的方法快速转换，这种方法也可以用到公式中，就像上面的负负得正一样的道理。例如，以图 3-29 所示数据为例，数组公式为：

```
=SUM(1*B2:E2)
```

或者：

```
=SUM(B2:E2/1)
```

3.2.4　将纯数字转换为文本型数字编码的两大法宝

上面介绍的是把文本型数字转换为纯数字，目的就是为了能够使用函数进行计算。反过来，有时也需要把纯数字转换为文本型数字，因为这些数字本身是编码类数据，是不参与汇总求和计算的，仅仅是一个类别名称而已。

我们不能通过设置单元格的方法来转换文本或数字，很多人觉得把单元格格式设置为文本，就认为单元格里的数字变成文本了，这种做法是完全错误的，因为这仅仅改变了单元格格式，并没有改动单元格内的数字。关于这个问题，在第 8 章会进行详细说明。

如图 3-30 所示，通过设置单元格格式为文本的方法，似乎把数字"转换"成了文本（因为看到数字左对齐了），但是利用函数判断仍然是数字。

◎ 判断是否为文本：

```
=ISTEXT(D3)
```

◎ 判断是否为数字：

```
=ISNUMBER(D3)
```

图3-30 不能通过设置单元格格式的方法转换数字

如何快速将纯数字转换为文本型数字呢？有两大法宝任你选：分列工具和 TEXT 函数。

法宝 1　分列工具

如果要把一列数字转换为原始位数的文本型数字，最简单、最高效的方法是使用分列工具。具体方法是：选择该列，单击"数据"→"分列"按钮，打开"文本分列向导"对话框，前 2 步默认，在第 3 步中选中"文本"单选按钮即可，如图 3-31 所示。

图3-31　"文本分列向导"对话框：第3步，选中"文本"单选按钮

利用分列工具转换数字的最大优点是可以快速在原位置进行转换，不论该列中是否全部为数字，还是数字和文本混合的情况，都会进行统一处理。

但是，如果要将数字转换为要求位数的文本，或者在公式里直接转换并进行计算，那么分列工具就无能为力了，此时必须使用 TEXT 函数。

法宝 2　TEXT 函数

使用 TEXT 函数的最大优点是可以把纯数字设置成任意位数的文本型数字，并可以创建高效公式来直接转换并计算。比如，在单元格输入了数字 199，就可以使用 TEXT 函数将其转换为 3 位数文本 199、4 位数文本 0199 或 5 位数文本 00199 等，不够位数就在左边补足 0。

图 3-32 所示就是将 B 列的数字转换为统一 4 位的文本，单元格 D2 的公式如下：

```
=TEXT(B2,"0000")
```

可能遇到这样的情况，单元格里是一个计算公式的百分比结果，现在想把这个单元格里的百分比数字与一个文字连接起来，结果发现百分比数字变成了很长的小数，如

图 3-33 所示。这是怎么回事？公式没有出现任何错误啊！

图3-32　利用TEXT函数将数字转换为文本　　图3-33　直接连接单元格，得到了长长的小数

其实也不奇怪，单元格 C4 保存的本来就是一个小数，只不过你把单元格格式设置为了百分比显示。这样，你直接连接到公式中，显示的肯定是原始小数了。

那么，如何才能显示为"完成率 26.17%"的字样呢？需要使用 TEXT 函数把小数变成百分比文本，公式如下：

`=B4&TEXT(C4,"0.00%")`

效果如图 3-34 所示。

再举一个例子。如图 3-35 所示，若单元格 A2 保存的是 20180512 这样的日期，现在需要从这个所谓的"日期"里取出中文的月份"5月"，以便与分析报告中的标题"1月"相匹配，此时，从这个"日期"中提取月份的公式为：

`=TEXT(MID(A2,5,2),"0月")`

或者：

`=TEXT(TEXT(A2,"0000-00-00"),"m月")`

图3-34　使用TEXT函数把小数转换为百分比文本　　图3-35　直接从非法日期中提取月份名称

比较一下，这两个公式有什么本质的区别？

第 1 个公式是先用 MID 函数取出中间代表月份的两位数字，再用 TEXT 函数将这个数字转换文字"*月"；第 2 个公式是先用 TEXT 函数将 8 位数字转换成文本型日期，再用 TEXT 函数将这个日期的月份文字取出来。

3.2.5　小数点和千分位符位置颠倒，使表格无法计算了

一位学生问了我这样一个问题，图 3-36 所示是从财务软件导出来的原始数据，数字中的逗号","实际上是小数点，而小数点"."实际上是千分位符逗号，怎样才能将它们倒过来？

其实，这样的问题解决起来并不难，关键是思路和步骤。选中 D 列，先将小数点"."清除（查找替换即可），然后再将逗号替换为小数点即可，第 1 步："查

找内容"里输入小数点".","替换为"里为空,如图 3-37 所示。第 2 步:在"查找内容"里输入逗号,"替换为"里输入小数点,如图 3-38 所示。这样,D 列数据能正常计算,如图 3-39 所示。

图3-36 从财务软件导出来的原始数据

图3-37 将小数点替换掉

图3-38 将逗号","替换为小数点"."

图3-39 D列数据转换成了真正的数字

3.2.6 如何将 Word 表格的长编码(如身份证号码)复制到 Excel

有时,做 HR 的同学对我说:"老师,我有一个 Word 表格,里面有一列是身份证号码,但是复制到 Excel 后,身份证号码的最后 3 位数字都变成了 0,采用选择性粘贴的方法也不行,没办法,只好手工一个一个地重新输入了,有没有好的方法解决这个问题?"

扫码看视频

在 Word 文档中,是不区分文字、日期、时间、数字的,它们都是文本。因此,可以保存成原始的样子。但是,Excel 就不一样了,它是严格区分这些不同类型数据的,因为 Excel 不是一个文字堆积的文档,而是数据管理和数据分析工具,尤其是要对数据进行各种汇总计算。

前面说过,Excel 处理数字的位数是 15 位,因此在处理编码类数字的时候,要将其处理为文本型数字,这样才能完整地保存这样的长编码数字。

针对这个问题,有一个最简便灵巧的方法,只需几步即可完成。

图 3-40 所示是一个 Word 文档中的表格,将其完整地复制到 Excel 表格中的具体方法和步骤如下。

姓名	部门	身份证号码	奖金
张三	财务部	110108197801012282	2385.34
李四	人力资源部	110108198312122291	18488.22
王五		11010819860623998x	7364.69

图3-40 Word文档中的表格

步骤 01 首先阅读表格,弄清楚是几列数据,要准备保存到 Excel 表格的什么位置。这里,表格有 4 列,准备保存到 Excel 的 A:D 列,其中 C 列保存身份证号码。

步骤 02 在 Excel 工作表中，将 C 列的单元格格式设置为文本，如图 3-41 所示。

图3-41 将Excel表格要保存身份证号码的列设置为文本格式

步骤 03 选择 Word 中的表格，复制（按 Ctrl+C 组合键）。

步骤 04 单击 Excel 表格中的 A1 单元格，再单击鼠标右键，执行快捷菜单中的"粘贴选项"下的"匹配目标格式"命令，如图 3-42 所示，就得到了正确的数据表，如图 3-43 所示。

图3-42 执行"粘贴选项"下的"匹配目标格式"命令

图3-43 得到了的正确的数据表

3.3 清除数据中隐藏的垃圾

从系统导出的数据，甚至通过邮件传递过来的表格，很有可能会出现莫名奇妙的情况，导致没法进行计算。这种情况的原因说不清楚，但数据的前后确实含有眼睛看不见的东西，有时候是空格，有时候是特殊字符，有时候是一些特殊符号。此时，就必须给数据洗洗澡，清除掉附在数据上的溃泥垃圾，让数据呈现它原本干干净净的面目。

3.3.1 清除数据中的空格

一般情况下，单元格数据前后及中间的空格，用查找/替换工具即可解决。

如果是英文名称，那么按照英语语法要求，英文单词之间必须有一个空格，就不能使用查找/替换了，因为这样会替换掉所有的空格。这种情况下，可以使用 TRIM 函数来解决。就是在数据旁边做一个辅助列，然后输入公式 =TRIM(A2)（假设 A2 是要处理的数据），往下复制公式，最后再把此列选择性粘贴成数值到原始数据区域，如图 3-44 所示。

	A	B
1	原始数据	处理后
2	I am an experienced Excel training lecturer	I am an experienced Excel training lecturer
3	Excel is a excellent tool	Excel is a excellent tool
4	VBA is Visual Basic for Application	VBA is Visual Basic for Application

图3-44　利用TRIM函数处理英文中的空格

> **函数说明：TRIM**
>
> TRIM函数用于清除字符串中的空格,如果是字符前后的空格,会全部清除;如果是字符中间的空格,会保留一个空格,并删除多余的。用法如下:
>
> =TRIM(文本字符串)

3.3.2　清除单元格中的回车符

在某些表中,数据可以被分成几行保存在一个单元格内,如果要把这几行数据重新归拢成一行,该怎么做呢?总不能一个一个单元格处理吧?

要解决这个问题,可以使用查找/替换,也可以使用CLEAN函数,前者可以将换行符替换为任意的字符(如空格、符号等),后者是得到了紧密相连的字符串。

打开"查找和替换"对话框,在"查找内容"文本框里按Ctrl+J组合键,就是输入换行符的快捷键(按下组合键后,看不到换行符)。

两种方法处理后的效果如图3-45所示。查找替换处理中,把换行符替换为了逗号;CLEAN函数则是全部清除了换行符。

	A	B	C	D
1	项目名称	说明	查找替换处理	函数CLEAN处理
2	A001	正在处理相关问题 领导还没批示 具体方案下周一讨论	正在处理相关问题,领导还没批示,具体方案下周一讨论	正在处理相关问题领导还没批示具体方案下周一讨论
3	A002	已进展一半 附属设备还未到货	已进展一半,附属设备还未到货	已进展一半附属设备还未到货

图3-45　清除单元格中的换行符

> **函数说明：CLEAN**
>
> CLEAN函数用于删除文本中所有不能打印的字符。用法如下:
>
> =CLEAN(文本字符串)

3.3.3　清除数据中眼睛看不见的特殊字符

在有些情况下,从系统导入的表格数据中,会有看不见的特殊字符。这些字符并不是空格。因此,不论是利用TRIM函数还是CLEAN函数,都无法将这些特殊字符去掉,从而影响数据的处理和分析。

案例3-9

图3-46所示就是一个这样的案例,当使用SUM函数汇总各个项目的总金额时,发现结果是0。不论是用选择性粘贴,还是用分列工具的方法,

都没法转换过来。

这个问题看起来很复杂，其实，两个小技巧即可快速解决这个问题。

步骤01 如何发现单元格的特殊字符？只要将单元格字体设置为Symbol，就可以看到这些特殊字符都显示成了□，但是在公式编辑栏里仍旧看不到任何符号，如图3-47所示。

	A	B
1	业务编号	金额
2	0401212	4,476.32
3	0401211	17,620.00
4	0401210	4,665.60
5	0401209	2,674.75
6	0401208	1600.00
7	0401207	5080.00
8	0401206	8800.00
9	0401205	59411.00
10	0401204	10000.00
11	合计	0

图3-46 原始数据无法计算

	A	B	C
1	□业务编号□	□金额□	
2	□□0401212	□4,476.32□□□□	
3	□□0401211	□17,620.00□□□□	
4	□□0401210	□4,665.60□□□□	
5	□□0401209	□2,674.75□□□□	
6	□□0401208	□1600.00□□□□	
7	□□0401207	□5080.00□□□□	
8	□□0401206	□8800.00□□□□	
9	□□0401205	□59411.00□□□□	
10	□□0401204	□10000.00□□□□	
11	合计		

图3-47 单元格字体设置为Symbol，特殊字符显示为□

由于A列的业务编号数字前面都有一个0，这个0是不能丢失的，而金额数字是不需要考虑这个因素的，因此A列和B列需要分别处理。

步骤02 从任一单元格里中复制一个这样的符号。选择B列，打开"查找和替换"对话框，将这个符号粘贴到"查找内容"文本框里（为什么要这么做？因为我们也不知道这个符号是什么，没法在键盘上输入，只好复制粘贴了），而"替换为"文本框留空，然后单击"全部替换"按钮。

步骤03 从A列的任一单元格里复制2个这样的符号。选择A列，打开"查找和替换"对话框，将这2个符号粘贴到"查找内容"文本框里，在"替换为"文本框里输入一个英文的单引号，然后单击"全部替换"按钮。

步骤04 把单元格字体恢复为原来的字体。

这样，就得到了正确的数据，如图3-48所示。

	A	B
1	业务编号	金额
2	0401212	4,476.32
3	0401211	17,620.00
4	0401210	4,665.60
5	0401209	2,674.75
6	0401208	1600
7	0401207	5080
8	0401206	8800
9	0401205	59411
10	0401204	10000
11	合计	114327.67

图3-48 得到正确的数据

3.4 数据分列的两大利器

数据分列是实际工作中经常碰到的问题之一。从系统导入的数据，或者从网上下载的文件，或者一个文本文件，这些数据往往是保存为一列的数据，需要根据具体情况，对数据进行分列，以便让不同的数据分列保存。

分列的方法主要有以下两种。

- 使用分列工具。
- 使用函数公式。

3.4.1 分列工具：根据一个常规分隔符号分列数据

如果数据中有明显的分隔符号，例如空格、逗号、分号，或者其符号标记等，那么就可以使用分列工具快速分列。

案例3-10

图 3-49 所示是从指纹刷卡机中导入的原始考勤数据。现在要对每个人的考勤进行统计分析，首先要把日期和时间分开。

图3-49 从指纹刷卡机中导入的原始考勤数据

观察数据得知：日期和时间中间有一个空格，并且是作为文本保存在了一个单元格，我们可以使用空格来分列，具体步骤如下。

步骤 01 在 D 列后面插入一列。

步骤 02 选择 D 列。

步骤 03 单击"数据"→"分列"按钮，打开"文本分列向导"对话框。

步骤 04 在第 1 步中，选中"分隔符号"单选按钮，如图 3-50 所示。

步骤 05 单击"下一步"按钮，进入第 2 步，勾选"空格"复选框，如图 3-51 所示。

图3-50 第1步，选中"分隔符号"单选按钮　　图3-51 第2步，勾选"空格"复选框

步骤 06 单击"下一步"按钮，进入第 3 步，在对话框底部的列表框中，选择第一列的日期，然后选中"日期"单选按钮，如图 3-52 所示。

步骤 07 单击"完成"按钮，就得到分列后的考勤数据，最后修改标题，如图 3-53 所示。

图3-52　第3步，选中"日期"单选按钮　　　图3-53　日期和时间分列后的原始考勤数据

案例3-11

图3-54是以逗号分隔的员工基本信息，它们被保存在了A列，这个数据的分列很简单。

步骤01 在文本分列向导的第1步中选中"分隔符号"单选按钮，如图3-55所示。

步骤02 在第2步中勾选"逗号"复选框，如图3-56所示。

步骤03 要特别注意的是，在第3步中必须选择身份证号码列，然后选中"文本"单选按钮，如图3-57所示。

结果如图3-58所示。

图3-54　以逗号分隔的数据　　　图3-55　第1步，选中"分隔符号"单选按钮

图3-56　第2步，勾选"逗号"复选框　　　图3-57　第3步，选择身份证号码列，然后选中"文本"单选按钮

图3-58 分列后的数据

3.4.2 分列工具：根据一个特殊符号分列数据

案例3-12

图 3-59 所示是以特殊字符"|"分隔的员工基本信息，它们被保存在 A 列。该数据的分列也很简单：在文本分列向导的第 1 步中选中"分隔符号"单选按钮；第 2 步中勾选"其他"复选框，然后在右侧的文本框中输入符号"|"，如图 3-60 所示；第 3 步中注意选择身份证号码列，选中"文本"单选按钮。

扫码看视频

图3-59 以特殊字符"|"分隔

图3-60 第2步，勾选"其他"复选框，并输入符号"|"

3.4.3 分列工具：根据多个分隔符号分列数据

在文本分列向导的第 2 步中,有多个分隔符号可以同时选择(但最多只能选择 5 个)，因此，可以根据实际数据情况，同时选择多个分隔符号进行分列。

案例3-13

针对图 3-61 所示科目目录名称表单，要求把科目编码和各个项目名称取出，保存在不同列中。

扫码看视频

图3-61 科目目录名称

第 3 章 现有表格数据的快速整理与规范

69

仔细观察表格数据的特征：最左边的"科目"两个字是不需要的，它与科目编码之间是用冒号分隔的；科目编码与项目之间是用空格分隔的；各个项目之间使用斜杠/分隔。

步骤01 打开"查找和替换"对话框，将文字"科目："替换掉。

步骤02 选择A列，打开"文本分列向导"对话框。

步骤03 在第1步选中"分隔符号"单选按钮。

步骤04 在第2步同时勾选"空格"和"其他"复选框，并在"其他"右侧的文本框中输入斜杠/，如图3-62所示。

步骤05 在第3步中选择科目编码列，选中"文本"单选按钮，如图3-63所示。分列后的科目目录表如图3-64所示。

图3-62　第2步，同时选中"空格"和"其他"复选框，并在"其他"右侧文本框中输入斜杠/

图3-63　第3步，选择科目编码列，选中"文本"单选按钮

图3-64　分列后的科目目录表

3.4.4　分列工具：根据固定宽度分列数据

如果要分列的各个数据之间没有明显的分隔符号，但要分列的位置是固定的，那么也可以利用分列工具进行快速分列。

案例3-14

针对图3-65所示表单，要把A列的邮政编码和地址分成两列。

仔细观察数据特点，邮政编码是固定6位数（要注意分列后必须处理为文本型数字，否则第一位的0就会被系统消除），因此可以使用固定宽

度分列。

图3-65 把A列分成两列（邮政编码和地址）

步骤01 选择A列。
步骤02 单击"数据"→"分列"按钮，打开"文本分列向导"对话框。
步骤03 在第1步中选中"固定宽度"单选按钮，如图3-66所示。
步骤04 单击"下一步"按钮，进入第2步，在标尺的位置单击鼠标，设置分列线（仔细看对话框中的说明文字），如图3-67所示。

图3-66 第1步，选中"固定宽度"单选按钮　　图3-67 第2步，设置分列线

步骤05 单击"下一步"按钮，进入第3步，在对话框底部的列表框中选择第1列的邮政编码，然后选中"文本"单选按钮，如图3-68所示。

图3-68 第3步，选中"文本"单选按钮

步骤06 单击"完成"按钮，得到分列后的数据。

第3章 现有表格数据的快速整理与规范

71

步骤 07 修改标题。

3.4.5 函数公式：根据固定位置分列数据

在上面的例子中，如果不允许破坏原始的数据，要求从 A 列原始数据中分别提取邮政编码和地址，并分别保存到 B 列和 C 列中，应该怎么做？此时就需要使用函数了。

案例3-15

如图 3-69 所示，邮政编码是固定的 6 位数，可以使用 LEFT 函数直接取出左侧的 6 位数，然后再用 MID 函数从第 7 位开始把右侧的字符取出来。公式如下：

◎ 单元格 B2，邮编：

=LEFT(A2,6)

◎ 单元格 C2，地址：

=MID(A2,7,100)

图3-69 使用函数分列数据

MID 函数中，由于我们是把第 7 个以后的所有字符都取出来，因此函数的第 3 个参数给了一个足够的数字（100 个），这样就没必要去计算右边需要取几个字符了。

> **函数说明：LEFT**
>
> LEFT 函数用于取出字符串左侧的指定个数的字符。用法如下：
>
> =LEFT(字符串,截取的字符个数)
>
> 比如，取出字符串"中国1949年"左边的2个字符的公式如下：
>
> =LEFT("中国1949年",2)
>
> 结果为"中国"。

3.4.6 函数公式：根据变动位置分列数据

如果要分列的数据长度不固定，但是都有一个明显的标志字符（字符、文字或者字母等），此时可以先用 FIND 函数将这个标志字符的位置找出来，然后再用 LEFT 函数、RIGHT 函数或者 MID 函数取出数据。

案例3-16

图 3-70 所示表格中包括原材料数据和成品数据，现要求从 F 列成品下料尺寸中提取 3 列数据：规格、数量和单位。

例如，第 2 行，规格是"0.7*180*860"，数量是 1，单位是"件"。

图3-70　原材料数据和成品数据，G:I列是需要提取的规格、数量和单位

仔细分析成品下料尺寸数据，在规格的后面有一个符号/，而单位都是一个汉字，这样我们就可以先使用 FIND 函数找出符号/的位置，使用 LEFT 函数取出符号/左边的规格，使用 MID 函数取出中间的数量，再用 RIGHT 函数取出右边的单位。第 2 行单元格公式如下：

◎ 单元格 G2：

=LEFT(F2,FIND("/",F2)-1)

◎ 单元格 H2：

=1*MID(F2,LEN(G2)+2,LEN(F2)-LEN(G2)-2)

◎ 单元格 I2：

=RIGHT(F2,1)

分列结果如图 3-71 所示。

图3-71　分列结果

公式解释如下。

第 1 个公式：由于 FIND 函数的结果是符号/的位置，因此，规格的字符长度就是这个位置数减去 1，即 FIND("/",F2)-1。

第 2 个公式：使用了 LEN 函数来计算数量的起始位置和位数。LEN(G2)+2 是计算数量的起始位置，由前面已经提取的规格计算得出，由于符号/占一个，下一个才是数量的起始位置，因此，要在规格字符的长度上加 2。LEN(F2)-LEN(G2)-2 是计算数量的位数，这是一个简单的数学计算：原始数据的总字符，减去已经提取的规格的总字符，再减去 2（符号/是一个，单位也是一个，故合计是 2）。当取出数量后，要把此结果

乘以1，变成能够计算的数字，因为文本函数取出的任何数据都是文字。

第3个公式是最简单的，直接取出右边的一个字符即可。

> **函数说明：FIND**
>
> FIND函数用于从一个字符串中查找指定字符出现的位置。用法如下：
>
> =FIND(指定字符,字符串,开始查找的起始位置)
>
> 例如，假若单元格A2保存字符串"Excel高效办公技巧"，现在要查找"办公"两个字出现的位置，则公式为"=FIND("办公",A2)"，得到结果为8，表明从左边的第1个字符算起，第8个字符就是要找的"办公"。这里忽略了该函数的第3个参数，表明从字符串的第一个字符开始查找。

> **函数说明：RIGHT**
>
> RIGHT函数用于取出一个字符串的右边指定个数的字符。用法如下：
>
> =RIGHT(字符串,字符个数)
>
> 例如，公式"=RIGHT("1001现金",2)"，就是把字符串"1001现金"的右边2个字符取出来，结果为"现金"。

案例3-17

图3-72所示是另外一个例子，金额和单位写在同一个单元格中，无法直接计算单位服务费。如何解决这个问题呢？

这个问题并不难解决，先用FIND函数找出文字"元"的位置，然后再用LEFT函数把金额取出来，不过，LEFT函数取出来的"数字"并不是纯数字，而是文本，需要转换为纯数字，此时把结果乘以1即可。单元格C2公式如下：

图3-72　金额和单位写在同一个单元格中

```
=1*LEFT(B2,FIND("元",B2)-1)
```

处理结果如图3-73所示。

图3-73　处理结果

3.4.7 函数公式：分列汉字和数字

在实际工作中，经常遇到这样的情况：数字编码和汉字名称连在了一起，它们中间没有任何分隔符号，而且数字个数和汉字个数也是变化的，现在要分成两列，该怎么办？

◎ 案例3-18

图 3-74 所示是一个产品名称和规格连在一起的例子,现在的任务是把产品名称和规格分开。

扫码看视频

图3-74 产品名称和规格连在一起

考虑到 A 列单元格数据仅仅是由数字(乘号 "*" 与数字算作一类,因为它们都是半角字符)和汉字(它们是全角字符)组成,每个数字有 1 个字节;而每个汉字有 2 个字节。因此,可以使用 LENB 函数和 LEN 函数对数据长度进行必要的计算(注意它们的关系是:字符串的字节数减去字符数,就是汉字的个数),再利用 LEFT 函数和 RIGHT 函数将产品名称和规格剥离开来。提取产品名称和规格的公式如下:

◎ 单元格 B2:

=LEFT(A2,LENB(A2)-LEN(A2))

◎ 单元格 C2:

=RIGHT(A2,2*LEN(A2)-LENB(A2))

结果如图 3-75 所示。

图3-75 分离出的产品名称和规格

> **函数说明:LENB**
>
> LENB 函数是计算字符串的字节长度。用法如下:
>
> =LENB(字符串)
>
> 例如,公式 "=LENB("1001现金")" 的结果是 8,因为 4 个数字计 4 个字节,2 个汉字计 4(2*2)个字节,共计 8(4+2*2)个字节。

3.4.8 函数公式:分列字母和数字

如果名称是英文名称,编码是数字,并且连接在一起。这种情况下,字母和数字都是半角字符,利用之前的方法就行不通了。

案例3-19

图 3-76 所示就是这样的一个例子，要求把紧密相连的编码数字和英文科目名称分成两列。这个问题解决起来比较麻烦。下面是一个建议的公式，具体原理这里不再介绍了。

◎ 单元格 B2：
=TEXT(-LOOKUP(,-LEFT(A2,ROW($1:$15))),"0")

◎ 单元格 C2：
=MID(A2,LEN(B2)+1,100)

结果如图 3-76 所示。

	A	B	C	D
1	编码名称	编码	科目	
2	1001Cash	1001	Cash	
3	100201Bank-BOC	100201	Bank-BOC	
4	100202Bank-ICBC	100202	Bank-ICBC	
5				

图3-76　分列字母和数字

3.4.9　函数公式：逻辑稍微复杂点的分列

遇到逻辑比较复杂的情况，尽管在有些情况下可以使用分列工具，但需要多分几次才能达到需要的效果；而搞清楚逻辑关系后，有时用一个简单的函数就可以解决。

案例3-20

图 3-77 所示就是这样的一个例子。现在要制作每个部门、每项费用的汇总表，首先必须从 B 列里提取出项目名称和部门名称。

	A	B	C	D	E	F
1	科目代码	科目名称	本期借方发生额	本期贷方发生额	项目	部门
2	6602	管理费用	1,390,995.30	1,487,184.00		
3	6602.01	工资	278,100.00	255,224.28		
4	6602.01	[001]公司总部/[0]非质量成本	30,000.00	30,423.64		
5	6602.01	[003]人力资源部/[0]非质量成本	80,000.00	78,888.95		
6	6602.01	[004.01]采购部/[0]非质量成本	30,000.00	22,582.00		
7	6602.01	[004.02]计划部/[0]非质量成本	20,000.00	13,740.77		
8	6602.01	[005.01]会计部/[0]非质量成本	30,000.00	29,552.17		
9	6602.01	[005.02]仓储部/[0]非质量成本	25,000.00	21,206.68		
10	6602.01	[011]TSS小组/[0]非质量成本	26,000.00	24,400.80		
11	6602.01	[012]内控部/[0]非质量成本	27,000.00	24,500.62		
12	6602.01	[013]OEM部/[0]非质量成本	10,100.00	9,928.65		
13	6602.02	福利费	157,900.00	139,720.87		
14	6602.02	[001]公司总部/[0]非质量成本	150,000.00	138,055.77		
15	6602.02	[003]人力资源部/[0]非质量成本	5,000.00	515.10		
16	6602.02	[004.01]采购部/[0]非质量成本	-	-		
17	6602.02	[004.02]计划部/[0]非质量成本	-	-		
18	6602.02	[005.01]会计部/[0]非质量成本	-	-		

图3-77　原始的管理费用科目余额表

仔细研究下这张表格，主要特征还在 A 列里隐藏着。如果某单元格的科目代码与上一行不一样，那么 B 列该单元格的数据就是项目名称；如果科目代码一样，就是部门名称了。此时，分列公式分别如下。

◎ 单元格 E2：
=IF(A2<>A1,B2,E1)

◎ 单元格 F2：

=IF(A2=A1,MID(B2,FIND("]",B2)+1,FIND("/",B2)-FIND("]",B2)-1),"")

结果如图 3-78 所示。

图3-78 使用函数进行判断，提取项目名称和部门名称

注意：在 F2 公式中提取部门名称时，联合使用了 FIND 函数和 MID 函数：用 FIND 函数分别找出] 和 / 的位置，就可以计算出部门名称起始位置和字符个数。

3.4.10 快速填充：Excel 2016 新增的智能工具

如果你使用的是 Excel 2016 版，那么这样的分列是非常便捷的，使用"数据工具"组中的"快速填充"工具即可完成，如图 3-79 所示。

以前面介绍的邮政编码和地址分列为例，基本步骤如下。

步骤01 首先将保存邮政编码的单元格区域设置为文本格式。

步骤02 在第 1 个单元格中手工输入邮政编码。

步骤03 选择包括第 1 个单元格在内所有要保存邮政编码的区域。

图3-79 "快速填充"按钮

步骤04 单击"数据"→"数据工具"→"快速填充"按钮，即可快速完成邮政编码填充。

步骤05 快速填充地址。

3.5 删除表格中的垃圾行

对于基础表单而言，空行、空列、小计行、表格顶部的说明文字、表格底部的备注行，都属于垃圾行。甚至重复输入的数据，也是多余的。

3.5.1 快速删除表单中的空行

空行的存在，可能是人工插入的，也可能是从系统导出的表格本身就存在空行。对于基础数据表格来说，空行一点用也没有，最好将其删除。

案例3-21

图 3-80 所示是从系统导入的银行存款日记账表格。在这张表格中，有大量的空行和合并单元格，它们的存在会影响到银行对账工作，必须删除空行，并把合并单元格处理掉。

图3-80　存在大量空行和合并单元格

仔细观察表格的结构和数据，除 C 列以外，以其他各列为参照将空行删除，就可以一次性解决空行和合并单元格的问题。

下面是快速删除大量空行的一个非常实用的小技巧。

步骤01 选中 A 列（也就是代表空行的列）。

步骤02 按 F5 键或者 Ctrl+G 组合键，打开"定位"对话框，单击左下角的"定位条件"按钮，如图 3-81 所示。

步骤03 打开"定位条件"对话框，选中"空值"单选按钮，如图 3-82 所示。

图3-81　"定位"对话框　　图3-82　选中"空值"单选按钮

步骤04 单击"确定"按钮，将 A 列所有的空单元格选中，如图 3-83 所示。

步骤05 单击"开始"→"删除"下拉按钮，在弹出的命令列表中选择"删除工作表行"命令，如图 3-84 所示。

图3-83　选中了A列所有的空单元格　　　图3-84　"删除工作表行"命令

这样，就得到了一个没有空行的规范表单，如图 3-85 所示。

图3-85　删除空行后的表格数据

3.5.2　快速删除小计行

很多人喜欢在基础表单中按照类别插入很多小计行，这样的小计是没必要的，不仅增加了工作量，也不利于后面的数据处理和分析，应予以删除。

删除小计行最简便方法是：选择小计文字所在列，利用"查找和替换"工具，或者用筛选的方法，选中所有的小计单元格，然后删除工作表行。

图 3-86 所示是利用"查找和替换"对话框来选择所有小计单元格，方法如下。

图3-86　利用"查找和替换"对话框选择所有小计单元格

步骤 01　打开"查找和替换"对话框。
步骤 02　在"查找内容"文本框里输入"小计"。
步骤 03　单击"查找全部"按钮，查出全部的小计单元格。
步骤 04　不要关闭对话框，在对话框中按 Ctrl+A 组合键，选择全部小计单元格，最后单击"关闭"按钮，关闭对话框。

步骤 05 执行"开始"→"删除"→"删除工作表行"命令,将所选中的"小计"行全部删除。

3.5.3 删除重复数据

如果要快速删除数据清单中的重复数据,留下来唯一的不重复数据,可以使用"删除重复值"功能来完成,如图3-87所示。

扫码看视频

图3-87 "删除重复值"按钮

案例3-22

图3-88所示是一张有重复报销记录的表单,现在要把重复的数据删除,仅保留一行唯一的数据,主要步骤如下。

图3-88 有重复数据的表格

步骤 01 单击数据区域任一单元格。

步骤 02 单击"删除重复值"按钮,打开"删除重复项"对话框,选中"数据包含标题"复选框,并保证选择所有的列,如图3-89所示。

步骤 03 单击"确定"按钮,弹出一个提示对话框,告诉我们发现了几个重复值,删除后保留了几个唯一值,如图3-90所示。

图3-89 "删除重复项"对话框,勾选所有选项   图3-90 删除重复值提示对话框

步骤 04 单击"确定"按钮,关闭对话框,就得到了一个没有重复数据的表单,如图3-91所示。

图3-91　没有重复数据的表单

3.6　填充单元格，确保数据的完整性

很多人设计的表格，合并单元格一大堆，还沾沾自喜，殊不知这样做的后果就是"没有困难却意外增加了困难"。对于基础表单而言，合并单元格是一大忌，因为合并单元格就意味着有空单元格！

有时从系统导入的数据，也会存在大量的空单元格。实际上，这些空单元格并不是真正的空单元格，而是为了阅读方便而故意留空的，这样的空单元格势必影响数据汇总分析的正确性，必须予以填充。

有的表格中，由于业务数据的问题，也会有空单元格，尽管这些空单元格是必须存在的，但在有些情况下，需要把空单元格填充为数字0，便于以后的数据汇总和分析。

这些问题统统归为填充空单元格，实际上是很容易解决的。

3.6.1　处理并填充合并单元格

案例3-23

图3-92所示是一个存在合并单元格表格的例子，如果用这个表格数据进行透视分析，显然是错误的，需要处理并填充合并单元格。

图3-92　存在合并单元格的表格

步骤01　选择A列的合并单元格区域。

步骤02　单击"合并后居中"命令按钮（如图3-93所示），取消合并单元格，如图3-94所示。

步骤03　按F5键或者Ctrl+G组合键，打开"定位"对话框，再单击"定位条件"按钮，打开"定位条件"对话框，选中"空值"单选按钮(参阅前面的介绍)，效果如图3-95所示。

图3-93　"合并后居中"命令按钮

步骤 04 输入等号＝，点选单元格A2，输入公式"=A2"，如图3-96所示。
步骤 05 按Ctrl+Enter组合键，即可完成数据的填充，如图3-97所示。

图3-94 取消了合并单元格

图3-95 选择A列的空单元格

图3-96 输入填充引用公式

图3-97 填充数据完成

步骤 06 选择A列，按Ctrl+C组合键，然后打开如图3-98所示"选择性粘贴"对话框，选中"数值"单选按钮，单击"确定"按钮，即可将A列的公式转换为数值。

图3-98 采用选择性粘贴的方法，将A列公式转换为数值

3.6.2 快速填充空单元格为上一行数据

◆ 案例3-24

图3-99所示是一个从K3中导入的出货单数据，A:D列没有明细数据，现在需要将其填充为上一行的数据。

这个难题的解决方法和步骤与前面的例子相同，主要步骤如下。

步骤 01 选择A:D列。
步骤 02 按F5键或者Ctrl+G组合键，定位选择空单元格。

步骤 03 输入引用公式"=A3"。
步骤 04 按 Ctrl+Enter 组合键。
步骤 05 选择性粘贴，将公式转换为数值。

效果如图 3-100 所示。

图3-99　表格中存在大量的空单元格　　　图3-100　填充空单元格后的表格

3.6.3　快速填充空单元格为下一行数据

案例 3-24 所示是把上一行的数据往下填充，在实际工作中，也会遇到要把下一行的数据往上填充的问题。

案例3-25

图 3-101 就是这样一个例子，每个税金占 3 行，科目名称仅仅保存在了第 3 行，上面两行没有名称，现在要求把表格整理成完整的数据表单。

这种情况下的数据填充方法与案例 3-24 是一样的，先选中 A 列，定位空单元格，然后在当前活动单元格 A2 中输入公式"=A3"，按 Ctrl+Enter 组合键即可，如图 3-102 所示。

思考：为什么要输入"=A3"，而不是输入"=A4"？

图3-101　原始数据表格　　　图3-102　填充数据后的表格

3.6.4　快速往空单元格输入零

如果要往数据区域的空单元格中快速填充数字 0，有两种高效的方法：查找替换法和定位填充法。

查找替换法的基本步骤是：打开如图3-103所示"查找和替换"对话框，在"查找内容"文本框里什么都不输，在"替换为"文本框里输入0，单击"全部替换"按钮，就自动向数据区域内所有的空单元格输入数字0。

图3-103 准备往数据区域的所有空单元格填充数字0

定位填充法的基本步骤是：先按F5键，在"定位条件"对话框中选择"空值"单选按钮，定位选择出数据区域内的所有空单元格，然后在键盘上输入数字0，再按Ctrl+Enter组合键。

3.7 表格结构的转换

如果表格结构不满足数据处理的要求，或者数据分析起来非常不方便，那么，不妨将表格结构进行改变。有时候这么处理一下，会起到事半功倍的效果。

3.7.1 行列互换位置

如果要把数据区域转置90°，也就是行变成列，列变成行，可以使用"选择性粘贴"的"转置"功能，具体操作步骤如下。

步骤01 选择数据区域，按Ctrl+C组合键。

步骤02 单击工作表其他空白区域的任意单元格。

步骤03 打开"选择性粘贴"对话框，勾选"转置"复选框，单击"确定"按钮，如图3-104所示。

注意：转置之后的数据不能保存在原位置。

效果如图3-105所示。

图3-104 勾选"转置"复选框   图3-105 数据表行列互换位置

3.7.2 将二维表格转换为一维表格：数据透视表方法

二维表格本质上是一种汇总表，如果作为数据源，是无法建立一个灵活的数据模型进行各种数据分析，此时需要将二维表格转换为一维表格。

在任何一个版本的 Excel 中都可以使用的转换方法，是使用多重合并计算数据区域功能。此功能的快捷键是 Alt+D+P，注意，这里的 P 键要按两下。

案例3-26

以图 3-106 所示的二维表格为例，使用多重合并计算数据区域功能转换为一维表格，如图 3-107 所示。

图3-106 原始的二维表格　　图3-107 要转换为的一维表格

具体步骤如下：

步骤01 按 Alt+D+P 组合键，打开"数据透视表和数据透视图向导——步骤1（共3步）"对话框，选中"多重合并计算数据区域"单选按钮，如图 3-108 所示。

步骤02 单击"下一步"按钮，打开"数据透视表和数据透视图向导-步骤2a（共3步）"对话框，保持默认设置，如图 3-109 所示。

图3-108 选中"多重合并计算数据区域"单选按钮　　图3-109 保持默认设置

步骤03 单击"下一步"按钮，打开"数据透视表和数据透视图向导——第2b步（共3步）"对话框，选择添加数据区域，如图 3-110 所示。

步骤04 单击"下一步"按钮，打开"数据透视表和数据透视图向导——步骤3（共3步）"对话框，选中"新工作表"单选按钮，如图 3-111 所示。

步骤05 单击"完成"按钮,就得到了一个数据透视表,如图3-112所示。

步骤06 双击数据透视表最右下角的总计数单元格(本案例就是数值14717所在单元格),就得到了如图3-113所示的结果。

图3-110 选择添加数据区域

图3-111 选中"新工作表"单选按钮

图3-112 得到的数据透视表

图3-113 双击总计数单元格得到的列表

步骤07 我们可以在"设计"选项卡中做进一步处理,例如先在"表格样式"清除目前的样式,然后单击"转换为区域"按钮,将表格转换为普通的数据区域,最后修改表格标题。

这种转换方法看起来繁琐,其实一点也不难,熟练后不到一分钟就能完成将二维表格转换为一维表格的工作。

3.7.3 将二维表格转换为一维表格:Power Query 方法

如果你安装的是 Excel 2016 版,还可以使用另外一种更简单、更快捷的方法: Power Query。以上面的数据为例,主要步骤如下。

步骤01 单击表格的任一单元格。

步骤02 执行"数据"→"获取和转换",单击"从表格"按钮,如图3-114所示。

步骤03 打开"创建表"对话框,保持默认,如图3-115所示。

图3-114 单击"从表格"按钮   图3-115 "创建表"对话框

86

步骤 04 单击"确定"按钮，进入"表1-查询编辑器"界面，如图3-116所示。

步骤 05 选择第1列"地区"，然后在"转换"选项卡中单击"逆透视列"下拉按钮，在弹出的下拉列表中选择"逆透视其他列"命令，如图3-117所示。

图3-116 "表1-查询编辑器"界面　　图3-117 "逆透视其他列"命令

那么就得到了如图3-118所示的转换结果。

图3-118 转换的结果

步骤 06 在查询表中分别双击标题"属性"和"值"，将其重命名为"季度"和"金额"。

步骤 07 在"开始"选项卡中单击"关闭并上载"下拉按钮，在弹出的下拉列表中选择"关闭并上载"命令，如图3-119所示。

那么，就得到了一维表单的转换结果，如图3-120所示。

图3-119 "关闭并上载"命令　　图3-120 导入到工作表的转换结果

3.8 数据整理规范问题

在日常数据整理过程中，我们遇到的问题是各种各样的，解决方案也不尽相同。前面我们介绍了常见的几大类问题及其解决方法，这些方法和技能技巧，都是作者十几年培训的经验总结，期望能对大家的日常数据处理效率有所帮助。下面，再补充几个数据整理中的实际问题及其解决思路和技巧。

3.8.1 数据合并

数据合并，是指把几个单元格的数据合并在一个单元格里，生成一个新的字符串。数据合并的常用方法如下：

- 基本的连接计算（&）。
- CONCATENATE 函数。
- CONCAT 函数。
- TEXTJOIN 函数。

快速填充工具等。

案例3-27

在图 3-121 所示表格中，A～C 列保存有 3 类数据，现在要把这 3 类数据连接成一个新字符串，保存到 D 列中。

图3-121　原始的3列数据，要连接成1列字符

1. 使用简单的连接符（&）合并数据

最常见的合并数据公式是使用连字符 & 一个一个地连接起来，这种方法对于少数几个单元格来说不是难事。对于此例，公式如下：

=A2&"   "&B2&"   "&C2

2. 使用 CONCATENATE 函数合并数据

如果使用 CONCATENATE 函数，则公式如下：

=CONCATENATE(A2,"   ",B2,"   ",C2)

> **函数说明：CONCATENATE**
>
> CONCATENATE 函数用于将不超过 255 个字符连接成一个新字符串。用法如下：
> =CONCATENATE(数据1,数据2,数据3,…)
>
> 在 Excel 2016 中，CONCATENATE 函数即将消失，被功能更强大的 CONCAT 函数替代了。

3. 使用 CONCAT 函数合并数据

如果使用 CONCAT 函数，则公式如下（注意此函数仅仅是 Excel 2016 版才有的）：

`=CONCAT(A2,"    ",B2,"    ",C2)`

> **函数说明：CONCAT**
>
> CONCAT 函数用于，将多个字符连接成一个新字符串。用法如下：
> =CONCAT(数据1,数据2,数据3,…)
> CONCAT 函数不仅可以一个一个单元格地选择，还可以同时选择整个单元格区域，甚至可以选择整列或整行。

4. 使用 TEXTJOIN 函数合并数据

如果使用 TEXTJOIN 函数，公式是最简单的（注意此函数仅仅是 Excel 2016 版才有的）：

`=TEXTJOIN("    ",,A2:C2)`

> **函数说明：TEXTJOIN**
>
> TEXTJOIN 函数用于将多个字符用指定分隔符连接成一个新字符串。用法如下：
> =TEXTJOIN(数据之间是否插入符号,是否忽略空值,数据1,数据2,数据3,...)
> TEXTJOIN 函数可以选择个别单元格，也可以选择整列或整行，还可以在每个数据之间插入分隔符。

3.8.2 快速批量修改数据

"领导说，下个月每个人的基本工资普调 20%，我司有 200 多人，如何快速修改每个人的基本工资？"一个学生这样问道。我反问："如果仅仅是把某些级别领导的工资提高 20%，其他合同员工的工资普调 10%，劳务工的工资不做普调，你又会怎么做呢？"

这是一个如何快速对数据进行批量修改的问题，使用"选择性粘贴"工具，必要时联合使用筛选，即可快速完成需要的修改。

1. 批量修改全部单元格数据

如果要对选中的单元格区域里所有的单元格数据进行批量修改，比如统一乘以或者除以一个数，统一加上或减去一个数据，此时可以使用选择性粘贴的方法进行批量修改。

具体操作方法如下。

步骤01 先在某个单元格输入要进行计算的数字。

步骤02 按 Ctrl+C 组合键。

步骤03 选择要修改的数据区域。

步骤04 打开"选择性粘贴"对话框。

步骤05 在"粘贴"选项组中选中"数值"单选按钮（这样操作不会破坏原来已经设置好的单元格格式），在"运算"选项组中选择相应的运算方式（加、减、乘、除），

89

单击"确定"按钮即可，如图3-122所示。

图3-122　利用选择性粘贴批量修改数据

2. 批量修改部分单元格数据

对数据区域的部分单元格进行批量修改，如统一乘以或者除以一个数，统一加上或减去一个数据，也可以使用选择性粘贴的方法进行批量修改，方法与上面介绍的基本一样，只不过要先选择这些准备修改的单元格（可以通过筛选或者用鼠标点选）。

例如，要对图3-123所示的北京和苏州的数据统一增加500，具体步骤如下。

步骤01　对数据区域建立筛选，把要修改的北京和苏州筛选出来，如图3-124所示。

步骤02　在任一空白单元格输入500，复制该单元格。

步骤03　选择单元格区域C2:C12，按Alt+;组合键，选择可见单元格；或者打开"定位条件"对话框，选中"可见单元格"单选按钮。

步骤04　打开"选择性粘贴"对话框，选择"加"单选按钮。

步骤05　单击"确定"按钮。

最后的结果如图3-125所示。

	A	B	C
1	分公司	员工	工资
2	北京	A001	3700
3	天津	A002	8995
4	北京	A003	8650
5	上海	A004	7358
6	上海	A005	4412
7	苏州	A006	6700
8	苏州	A007	4100
9	北京	A008	6600
10	南京	A009	4846
11	苏州	A010	3600
12	北京	A011	6258

图3-123　原始的数据

	A	B	C
1	分公司	员工	工资
2	北京	A001	3700
4	北京	A003	8650
7	苏州	A006	6700
8	苏州	A007	4100
9	北京	A008	6600
11	苏州	A010	3600
12	北京	A011	6258

图3-124　筛选出北京和苏州

	A	B	C
1	分公司	员工	工资
2	北京	A001	4200
3	天津	A002	8995
4	北京	A003	9150
5	上海	A004	7358
6	上海	A005	4412
7	苏州	A006	7200
8	苏州	A007	4600
9	北京	A008	7100
10	南京	A009	4846
11	苏州	A010	4100
12	北京	A011	6758

图3-125　批量修改后的数据

3.8.3　复制可见单元格数据

当对一个大型表格建立了分类汇总和分级显示后，或者筛选数据后，或者把某些行、某些列数据隐藏后，如果要复制显示出来的数据，而不复制隐藏的明细数据，那么必须先定位可见单元格，然后再复制粘贴即可。

选择可见单元格,可按 F5 键或者 Ctrl+G 组合键,打开"定位条件"对话框,选中"可见单元格"单选按钮,如图 3-126 所示。

图3-126　在"定位条件"对话框中选中"可见单元格"单选按钮

或者按 Alt+; 组合键,同样也可以选择可见单元格。

第 4 章
彻底掌握并熟练运用常用的几个函数

前面 3 章一直在介绍最基本的事情：如何设计标准规范的基础表单，如何高效地整理乱表。没有标准规范的基础表单，就无法创建高效自动化的数据分析模板，不论是用函数还是透视表，都会感觉非常难！其实，这不是函数有多难，也不是透视表有多难，而是一开始就把表单设计出问题来了。

当有了标准规范的表单后，我们就可以使用函数或透视表对数据进行各种汇总分析，以及利用图表把分析结果可视化。其中，函数公式又是数据处理和数据分析的最核心技能之一。然而，学习函数公式的目的是什么？学习函数公式的核心又是什么？如何快速掌握常用的函数及其综合运用？

不管是在培训课堂上，还是课下各种途径的交流学习中，我听到最多的一句话就是："函数太难学了，公式太难做了，绕着绕着就把自己绕晕了。"在某次大型公益沙龙讲座上，面对台下 300 多位财务人员，我只问了一句话："你们觉得学习 Excel 最难的是什么？"几乎是异口同声地回答：函数！

其实，函数本身学起来并不难，看看帮助信息，基本上都能学会如何使用，最难的是如何利用函数创建公式，因为公式离不开具体的表格，离不开具体的问题。因此，需要去好好理解表格，细心揣摩表格里面的逻辑，仔细去寻找解决问题的思路。

一句话，疏理逻辑思路永远是学习函数公式中最核心的东西。

4.1 熟悉而陌生的公式

不论是简单的汇总表，还是复杂的自动化数据分析模板，其里面最核心的是各种计算公式，而公式就是你所做各种计算的逻辑。那么，什么是公式？公式如何运算？如何引用单元格？如何输入常量？如何抓住公式的核心——逻辑思路？

4.1.1 什么是公式

简单来说，公式是以等号（=）开头的，以运算符连接将多个元素连接起来的表达式。在 Excel 中，凡是在单元格中先输入等号（=），然后再输入其他数据的，Excel 就自动判为公式。例如，在单元格输入了 "=100"，尽管该单元格显示出的数据为 100，但它的真正面目并不是数字 100，而是一个公式，其计算结果是 100。

4.1.2 公式的元素

输入到单元格的计算公式，由以下几种基本元素组成。

- 等号（=）：任何公式必须以等号（=）开头。
- 运算符：运算符是将多个参与计算的元素连接起来的运算符号，Excel公式的运算符有引用运算符、算术运算符、文本运算符和比较运算符。
- 常量：常量包括常数和字符串，是指值永远不变的数据，如10.02、2000等；字符串是指用双引号括起来的文本，如"47838""日期"等。
- 数组：在公式中还可以使用数组，以创建更加复杂的公式。例如，公式"=MMULT({1,2,3;4,5,6},{8;9;11})"就是计算两个矩阵{1,2,3;4,5,6}和{8;9;11}的乘积，得到一个新的矩阵，在函数MMULT中使用了常量数组{1,2,3;4,5,6}和{8;9;11}。
- 单元格引用：单元格引用是指以单元格地址或名称来代表单元格的数据进行计算。比如，公式"=A1+B2+200"就是将单元格A1的数据和B2的数据及常数200进行相加；公式"=SUM(销售量)"就是利用函数SUM对名称"销售量"所代表的单元格区域进行加总计算。
- 工作表函数和它们的参数：公式的元素可以是函数，例如公式"=SUM(A1:A10)"就使用了函数SUM，而"A1:A10"就是SUM的参数。
- 括号：括号主要用于控制公式中各元素运算的先后顺序。要注意区别函数中的括号，函数中的括号是函数不可分割的一部分。

4.1.3 公式的运算符

Excel公式的运算符有引用运算符、算术运算符、文本运算符和比较运算符。下面简要介绍公式的运算符及其使用方法。

1. 引用运算符

引用运算符用于对单元格区域合并计算，常见的引用运算符有冒号（:）、逗号（,）和空格。

- 冒号（:）是区域运算符，用于对两个引用单元格之间所有单元格进行引用，如A1:B10表示以A1为左上角、以B10为右下角的连续单元格区域；A:A表示整个A列；5:5表示第5行。这样，公式"=SUM(A1:B10)"就是对单元格区域A1:B10进行加总计算；公式"=SUM(A:A)"就是对整个A列进行加总计算；公式"=SUM(5:5)"就是对整个第5行进行加总计算。
- 逗号（,）是联合运算符，用于将多个引用合并。例如，公式"=SUM(A2:A6,A5:D5)"用于计算单元格区域A2:A6和A5:D5的数字总和。这里请注意单元格A5是两个单元格区域的交叉单元格，它被计算了两次。
- 空格是交叉运算符，用于对两个单元格区域的交叉单元格的引用，例如，公式"=B5:C5 C5:D5"的结果为返回C5单元格的数据；公式"=SUM(B5:D5 C5:E5)"则是将两个单元格区域B5:D5和C5:E5的交叉单元格区域C5:D5的数据进行加总。

2. 算术运算符

算术运算符用于完成基本的算术运算，按运算的先后顺序，算术运算符有负号（-）、百分数（%）、幂（^）、乘（*）、除（/）、加（+）和减（-）。

例如，公式"=A1*B1+C1"就是将单元格 A1 和 B1 数据相乘后再加上单元格 C1 数据；公式"=A1^(1/3)"就是将求单元格 A1 的数据的立方根；公式"=-A1"就是将单元格 A1 的数字变为负数后输入到某个单元格。

3. 文本运算符

文本运算符用于两个或多个值连接或串起来产生一个连续的文本值，文本运算符主要是文本连接运算符 &。例如，公式"=A1&A2&A3"就是将单元格 A1、A2、A3 的数据连接起来组成一个新的文本。

4. 比较运算符

比较运算符用于比较两个值，并返回逻辑值 TRUE 或 FLASE。比较运算符有等于（=）、小于（<）、小于等于（<=）、大于（>）、大于等于（>=）、不等于（<>）。

例如，公式"=A1=A2"就是比较单元格 A1 和 A2 的值，如果 A1 的值等于 A2 的值，就返回 TRUE，否则就返回 FALSE。有人会说，这个公式怎么有两个等号啊？注意，这个公式的左边第一个等号是公式的等号，而第二个等号是比较运算符。

4.1.4 公式中的常量

前面曾讲过，Excel 处理的数据有 3 类：文本、日期时间、数字。当要在公式或函数中输入这样的常量时，要依据数据类型做不同的处理。

（1）文本：要用双引号括起来，比如 =" 客户 "。

如果在单元格中输入这样的公式"="100""，那么单元格得到的结果将不再是数字 100，而是文本型数字。

（2）日期和时间：也要用双引号括起来，比如：="2018-5-1"，="13:23:48"。如果直接输入公式"=2018-5-1"，那么就是减法运算了。

但要注意，带双引号的日期在直接做算术运算及用在日期函数进行计算中时，不需要特殊处理；但用在其他函数中时，最好使用 DATEVALUE 函数和 TIMEVALUE 函数将文本型日期和时间进行转换，即：

```
= DATEVALUE("2015-5-1")
=TIMEVALUE("13:23:48")
```

（3）数字：直接输入即可。

4.1.5 公式中的标点符号

不论是在纯粹的公式（不用函数的公式）中输入标点符号，还是在函数参数中输入标点符号，永远牢记，这些标点符号都必须是半角字符。

4.1.6 单元格引用方式

引用的作用在于标识工作表上的单元格或单元格区域，并告知 Excel 在何处查找公式中所使用的数值或数据。

通过引用，可以在一个公式中使用工作表不同单元格所包含的数据，或者在多个公式中使用同一个单元格的数值；还可以引用同一个工作簿中其他工作表上的单元格或者其他工作簿中的数据。引用其他工作簿中的单元格被称为链接或外部引用。

在默认情况下，Excel 使用 A1 引用样式，此样式下，字母标识列，数字标识行，这些字母和数字被称为列标和行号。若要引用某个单元格，应先输入列标字母再输入行号。例如，B2 是引用 B 列和第 2 行交叉处的单元格。

Excel 还可以设置为 R1C1 引用方式，此时 R 表示行（Row），C 表示列（Column），R10C5 表示引用第 10 行第 5 列的单元格，也就是常规的 E10 单元格。

4.1.7 复制公式时的要点

在引用单元格进行计算时，如果想要**复制公式**（俗称拉公式），那么就要特别注意单元格引用位置是否也跟着公式的移动发生变化。也就是说，要考虑单元格的引用方式：**相对引用**或**绝对引用**，以免复制后的公式不是想要的结果。

1. 相对引用

相对引用也称相对地址，用列标和行号直接表示单元格，如 A2、B5 等。当某个单元格的公式被复制到另一个单元格时，原单元格内公式中的地址在新的单元格中就会发生变化，但其引用的单元格地址之间的相对位置间距保持不变。

在默认情况下，输入的新公式使用相对引用。

2. 绝对引用

绝对引用又称绝对地址，在表示单元格的列标和行号前加 $ 符号就称为绝对引用，其特点是在将此单元格复制到新的单元格时，公式中引用的单元格地址始终保持不变。

例如，公式"=SUM($A$1:$A$10)"总是对单元格区域 A1:A10 进行加总，而不论该公式复制到何处。

3. 混合引用

混合引用包括绝对列和相对行，或者绝对行和相对列。绝对引用列采用 $A1、$B1 等形式，就是列采用绝对引用，而行采用相对引用。绝对引用行采用 A$1、B$1 等形式，就是行采用绝对引用，而列采用相对引用。

如果公式所在单元格的位置改变，则相对引用将改变，而绝对引用不变。如果多行或多列地复制或填充公式，相对引用将自动调整，而绝对引用不作调整。

例如，假设单元格 A2 的公式是"=A$1"，那么当将单元格 A2 复制到单元格 B3 时，单元格 B3 的计算公式就会调整为"=B$1"。

混合引用在需要快速输入大量公式，在这些公式中引用某个固定的行或固定的列时，是非常有用的。

4. 引用转换小技巧：F4 键

引用方式之间转换的快捷方式是按 F4 键。连续按 F4 键，就会依照相对引用→绝对引用→列相对行绝对→列绝对行相对→相对引用……这样的顺序循环下去。

合理使用引用方式，可以在复制公式时事半功倍。

5. 相对引用和绝对引用举例

图 4-1 所示是计算各个产品销售额占销售总额的百分比，它们分别等于单元格 B2、B3、B4 和 B5 的数值除以单元格 B6 的数值。在各个单元格的计算公式中，使用固定的单元格 B6 数值作为分母，因此在各个单元格的计算公式中，对单元格 B6 要采用绝对引用。而公式的分子是各个产品自己的数据，因此分子是相对引用。这样，在单元格 C2 中输入公式 "=B2/$B$6"，然后向下复制到单元格 C6，就可得到各个产品销售额的百分比数据。

	A	B	C	D	E
1	产品	销售额	占比		
2	产品A	543	15.39%		
3	产品B	765	21.68%		
4	产品C	1345	38.11%		
5	产品D	876	24.82%		
6	合计	3529	100.00%		

图4-1　绝对引用

4.2　好好地认识函数

Excel 提供了大量的内置函数，利用这些函数进行数据计算与分析，不仅可以大大提高工作效率，而且不容易出错。

我们也可以利用宏和 VBA 编写自定义函数，并像工作表函数那样使用。

其实，就 Excel 的这些函数而言，我们经常使用的也就 20 个左右。因此，除了要掌握必要的函数基本知识外，还应熟练掌握这 20 个左右常用的函数。

4.2.1　什么是函数

函数就是我们在公式中使用的一种 Excel 内置工具，它用来迅速完成指定的计算，并得到一个计算结果。

大多数函数的计算结果是根据指定的参数值计算出来的，比如公式 "=SUM(A1:A10,100)" 就是加总单元格区域 A1:A10 的数值并再加上 100。

也有一些函数不需要指定参数而直接得到计算结果，比如公式 "=TODAY()" 就是得到系统当前的日期。

4.2.2　函数的基本语法

在使用函数时，必须遵循一定的规则，即函数都有自己的基本语法。

有参数的函数的基本语法为：

= 函数名（参数 1，参数 2，…，参数 n）

没参数的函数的基本语法为：

= 函数名（）

在使用函数时，应注意以下几个问题。

◎ 函数也是公式，所以当公式中只有一个函数时，函数前面必须有等号（=）。

- 函数也可以作为公式中表达式的一部分，或者作为另外一个函数的参数，此时在函数名前就不能输入等号了。
- 函数名与其后的小括号"("之间不能有空格。
- 参数的前后必须用小括号"("和")"括起来，也就是说，一对括号是函数的组成部分。如果函数没有参数，则函数名后面必须带有左右小括号"( )"。
- 当有多个参数时，参数之间要用逗号","分隔。
- 参数可以是数值、文本、逻辑值、单元格或单元格区域地址、名称，也可以是各种表达式或函数。
- 函数中的逗号","、双引号""" 等都是半角字符，而不是全角字符。
- 有些函数的参数中可以是可选参数，那么这些函数是否输入具体的数据可依实际情况而定。从语法上来说，不输入这些可选参数是合法的。

4.2.3 函数参数的类型

上面已经提到，函数的参数可以是数值、文本、逻辑值、单元格或单元格区域地址、名称，也可以是各种表达式或函数，或者根本就没有参数。函数的参数具体是哪种类型，可以根据实际情况而灵活确定。

（1）要获取当前的日期和时间，可以在单元格输入下面没有任何参数的公式：

`=NOW()`

（2）假若将单元格区域 A1:A100 定义了名称 Data，那么就可以在函数中直接使用这个名称。下面两个公式的结果是完全一样的：

`=SUM(A1:A100)`
`=SUM(Data)`

（3）可以将整行或整列作为函数的参数。比如，要计算 A 列的所有数值之和，可以使用下面的公式：

`=SUM(A:A)`

也许，有人认为公式"=SUM(A:A)"的计算要花较长的时间，认为它是对"整个列"的计算，（一个列有 1048576 行），事实并非如此，Excel 只是计算到 A 列中有数据的最后一个单元格，并不会一直计算到 A 列的最后一行。

（4）在函数的参数中，也可以直接使用具体的数字，比如公式"=SQRT(156)"就是计算 156 的平方根；也可以直接使用文本，比如公式"=MATCH("aaa",A1:A10,0)"就是从数据区域 A1:A10 中查找文本 aaa 的位置。

（5）还可以将表达式作为函数的参数。例如，公式"=PMT(B2/12,B3,B1)"中，函数 PMT 的第一个参数就是一个表达式 B2/12。

（6）一个函数的参数还可以是另外一个函数，称为嵌套函数。例如，下面的公式就是联合使用 INDEX 函数和 MTACH 函数查找数据，函数 MATCH 的结果是函数 INDEX 的参数：

`=INDEX(B2:C4,MATCH(E2,A2:A4,0),MATCH(E1,B1:C1,0))`

（7）更为复杂和高级一点的情况是：函数参数还可以是数组。例如，下面的公式就是判断单元格 A1 的数字是否为 1、5、9，只要是它们的任一个，公式就返回 TRUE，否则就返回 FALSE：

```
=OR(A1={1,5,9})
```

总之，函数的参数可以是多种多样的，要根据实际情况采用不同的参数类型。

4.2.4 培养输入函数的好习惯

很多人在单元格输入函数时，特别喜欢一个一个字母、一个一个逗号、一个一个括号的输入，殊不知这样很容易出错。即使你对函数的语法比较熟悉，也容易搞错或漏掉参数，逗号或括号加错了位置。

输入函数最好的方法是单击编辑栏上的"插入函数"按钮 f_x，打开"函数参数"对话框，就可以快速准确地输入函数的参数。

图 4-2 所示就是 VLOOKUP 函数的参数对话框，将光标移到每个参数文本框中，就可以看出该参数的含义，如果不清楚函数的使用方法，还可以单击对话框左下角的"有关该函数的帮助"标签，打开帮助信息进行查看。

图4-2　"函数参数"对话框

4.3 创建公式的实用技能技巧

如果你是做简单的加减乘除公式，是没什么技巧的，直接进行加减乘除即可。

如果你是使用函数创建复杂的公式，那么，就需要掌握几个实用的技能技巧了，包括以下几点。

◎ 如何快速输入函数。
◎ 如何快速输入嵌套函数。
◎ 如何绘制逻辑流程图。
◎ 如何检查公式的错误。
◎ 如何查看公式某部分的计算结果。

4.3.1 快速输入函数

Excel 提供了非常快捷的函数输入方法，当在单元格直接输入函数时，只要输入某个字母，就会自动列示出以该字母打头的所有函数列表。如图 4-3 所示，在输入字母 SUM 后，所有以字母 SUM 开头的函数列表，方便我们选择输入函数。

如果在函数中又输入另外一个函数，同样会显示以某字母开头的函数列表，如图4-4所示。

图4-3　在单元格直接输入函数时，会自动列出以某字母打头的所有函数列表

图4-4　在函数中输入另外一个函数时，也会自动列出以某字母打头的所有函数列表

当选择某个函数后，按 Tab 键，就自动在该函数名字后面添加了左括号，然后按 Ctrl+A 组合键，就打开了该函数的参数对话框。

在"函数参数"对话框中设置参数时，当一个参数输入完毕后，直接按 Tab 键，光标就自动移到了下一个参数文本框中。

4.3.2　创建嵌套函数公式的利器：名称框

很多人不知道名称框在哪里，也不清楚名称框是干什么用的。名称框在公式编辑栏的最左侧，如图4-5所示。

图4-5　名称框

当单击某个单元格时，名称框中就会出现该单元格的地址。

在单元格中手工输入某个函数时，在名称框中就会出现目前你常用的10个函数中的第一个，如图4-6所示。

图4-6　名称框出现常用的10个函数的第一个

如果是通过"插入函数"按钮 f_x 插入的函数，并打开了"函数参数"对话框，那

99

么名称框中会出现该函数的名称，如图4-7所示。

图4-7 名称框中出现正在插入的函数

如果要在某个函数中插入另外一个函数，可以直接在名称框中寻找，如图4-8所示。总之，名称框是输入函数、创建嵌套函数公式的重要工具。

图4-8 单击名称框右侧的下拉按钮，出现函数下拉列表

4.3.3 创建嵌套函数公式的核心技能：逻辑流程图

逻辑流程图，就是在详细阅读表，弄清楚了数据之间的逻辑关系，然后寻找出解决问题的一个逻辑思路，以及解决问题的详细步骤。

如果经过了系统的学习和训练，可以将逻辑流程图画在脑子里，就可以直接在单元格里创建公式了。如果对函数的使用不熟练，也没有基本的逻辑训练，那么，还是老老实实地先学会如何画逻辑流程图吧。

逻辑流程图有以下两种。

（1）计算机式的逻辑流程图。

（2）函数对话框式的逻辑流程图。

下面结合几个实际例子，来说明这种逻辑思路流程图的形式及其重要性，以及逻辑流程图的具体画法。

案例4-1

下面是一个计算工龄工资的例子，工龄工资标准如下。

- 工作不满1年的，0元。
- 工作满1年不满3年，每月200元。
- 工作满3年不满5年，每月400元。
- 工作满5年不满10年，每月600元。
- 工作满10年以上，每月1000元。

示例数据如图4-9所示。

	A	B	C	D	E
1	工号	姓名	入职时间	工龄(年)	工龄工资
2	0001	AAA1	2000-7-1	17	
3	0002	AAA2	2010-8-3	7	
4	0003	AAA3	2004-7-26	13	
5	0004	AAA5	2017-1-4	1	
6	0005	AAA6	1998-4-21	20	
7	0006	AAA7	2002-5-22	15	
8	0007	AAA8	2013-8-15	4	
9	0008	AAA9	2017-9-20	0	
10	0009	AAA12	2012-9-25	5	
11	0010	AAA13	2009-7-16	8	

图4-9　计算工龄工资示例

这是一个典型的嵌套IF应用问题。由于是5个可能的结果，故需要使用4个IF嵌套来解决（因为一个IF只能处理两个结果）。

很多人在输入这样的嵌套函数公式时手忙脚乱、两眼发直地直接在单元格输入公式，结果常常是一按Enter键就弹出警告框，不是让检查括号，就是让检查逗号，都不知道错在什么地方了。

嵌套IF函数公式其实是非常锻炼人逻辑思维的，不是这个嵌套公式有多么复杂，而是在做这个公式之前，必须先弄清楚逻辑思路。

这个工龄工资的条件判断，有以下两个判断方向。

（1）从小到大。

（2）从大到小。

当选中了一个判断方向后，就要按照这个方向做下去，这个判断方向就是流程。

如图4-10所示是这两个判断方向的逻辑流程图。通过这个流程图，我们可以一目了然地知道每层IF的设置方法和步骤。

图4-10　嵌套IF逻辑流程图，两个判断方向

图4-11和图4-12所示是IF函数对话框式的逻辑流程图，这个看起来更加直观。

101

图4-11 函数对话框式的逻辑流程图：从小到大判断

图4-12 函数对话框式的逻辑流程图：从大到小判断

4.3.4 创建嵌套函数公式的实用技能之一："函数参数"对话框 + 名称框

当绘制出逻辑流程图后，对问题的本质及解决方法和步骤就有了清晰的了解，那么便很容易创建出嵌套函数公式了。

但是，一般不建议手工输入嵌套函数公式，除非公式非常简单。强烈建议联合使用函数参数对话框和名称框来输入嵌套函数公式。

1. 同一个函数的嵌套

以上面的工龄工资计算为例，联合使用"函数参数"对话框和名称框来输入嵌套函数公式的具体步骤如下。

步骤 01 单击"插入函数"按钮 f_x，打开第1个IF"函数参数"对话框，输入条件表达式和条件成立的结果，如图4-13所示。

步骤 02 将光标移到IF函数的第3个参数文本框中，单击名称框里出现的IF函数，如图4-14所示。如果没出现，就单击名称框右侧的下拉按钮，展开函数下拉列表，把IF找出来。

图4-13 设置第1个IF函数的参数

图4-14 名称框中出现了IF函数

单击名称框里的IF函数，打开第2个IF"函数参数"对话框，再设置该函数的条件表达式和条件成立的结果，如图4-15所示。

图4-15 设置第2个IF函数的参数

步骤03 将光标移到IF函数的第3个参数文本框中，单击名称框中的IF函数，打开第3个IF"函数参数"对话框，再设置该函数的条件表达式和条件成立的结果，如图4-16所示。

图4-16 设置第3个IF函数的参数

步骤04 将光标移到IF函数的第3个参数文本框中，单击名称框中的IF函数，打开第4个IF"函数参数"对话框，再设置该函数的条件表达式和条件成立的结果，如图4-17所示。

图4-17 设置第4个IF函数的参数

步骤05 单击"确定"按钮，完成公式输入，如图4-18所示。公式如下：

=IF(D2<1,0,IF(D2<3,200,IF(D2<5,400,IF(D2<10,600,1000))))

103

图4-18 完成的计算公式

2. 不同函数的嵌套

很多问题需要使用多个不同函数来创建计算公式，了解这些函数之间的嵌套逻辑关系及如何输入嵌套函数公式，是必须掌握的一项重要技能。这种不同函数的嵌套公式，同样也可以联合使用"函数参数"对话框和名称框来完成。

扫码看视频

案例4-2

图4-19所示是一张工资表，要求制作指定员工的各个工资明细的金额，如图4-20所示。

在这个查询表中，姓名是条件，要从工资清单的B列数据中进行匹配，各个工资项目是要从姓名右侧的列位置取数，因此可以使用VLOOKUP函数进行查找，而各个项目的位置可以使用MATCH函数来自动确定。此时，函数对话框式的逻辑流程图如图4-21所示。查找公式就可以依据此逻辑思路来创建。

图4-19 工资清单

图4-20 查询表　　　图4-21 VLOOKUP函数+MATCH函数联合查找数据

下面是这个公式的创建步骤。

步骤01 单击"插入函数"按钮 f_x，插入 VLOOKUP 函数，打开 VLOOKUP"函数参数"对话框，先把几个确定的参数都设置好，如图 4-22 所示。

步骤02 将光标移到第 3 个参数文本框中，单击名称框右侧的下拉按钮，从展开的函数下拉列表中选择 MATCH 函数（如果没有该函数，则选择"其他函数"，在弹出的"插入函数"对话框中选择 MATCH 函数），如图 4-23 所示。

图4-22　输入VLOOKUP函数的确定参数　　　图4-23　选择MATCH函数

步骤03 打开 MATCH"函数参数"对话框，设置 MATCH 的参数，如图 4-24 所示。

步骤04 单击编辑栏里的 VLOOKUP 函数，返回到 VLOOKUP"函数参数"对话框，检查是否所有参数都已经设置好，如图 4-25 所示。

图4-24　设置MATCH函数参数　　　图4-25　设置好的VLOOKUP函数

步骤05 单击"确定"按钮，完成公式输入。公式如下：

```
=VLOOKUP($C$2,
        工资清单!$B:$Z,
        MATCH(B5,工资清单!$B$1:$Z$1,0),
        0)
```

4.3.5　创建嵌套函数公式的实用技能之二：分解综合法

当遇到逻辑比较复杂、或者嵌套函数比较多的情况时，分解综合法是一个比较好的创建公式的方法，其主要步骤如下。

105

步骤 01 将一个问题分解成几步，分别用不同的函数计算。
步骤 02 将上述几步的公式综合成一个公式。
步骤 03 完善公式（比如处理公式的错误值）。

案例4-3

图4-26所示是一个比较复杂些的例子，要求把指定客户、指定产品、指定季度的数据查找出来。

	A	B	C	D	E	F	G	H	I	J
1	客户	产品	一季度	二季度	三季度	四季度			查询	
2	客户A	产品1	636	746	643	123			指定客户	客户B
3		产品2	678	320	598	100			指定产品	产品3
4		产品3	766	746	131	275			指定季度	三季度
5		产品4	143	147	218	664				
6	客户B	产品1	171	270	783	375			销售额	
7		产品2	127	365	386	761				
8		产品3	501	368	667	258				
9		产品4	492	666	128	134				
10	客户C	产品1	578	157	344	128				
11		产品2	575	273	373	262				
12		产品3	174	217	313	686				
13		产品4	652	764	402	507				
14	客户D	产品1	216	141	470	442				
15		产品2	697	286	769	387				
16		产品3	352	721	387	793				
17		产品4	284	155	252	408				

图4-26 查找指定客户、指定产品、指定季度的数据

这个问题可以联合使用MATCH函数和INDEX函数来解决，先用MATCH函数定位，再用INDEX函数取数。分解过程如下。

步骤 01 首先要确定明确，取数的区域是单元格区域C2:F17。

步骤 02 在A列数据区域中确定指定客户的位置。

在单元格J9输入公式，就得到该客户的位置（第几行）：

`=MATCH(J2,A2:A17,0)`

步骤 03 在B列数据区域中确定指定产品的位置。

由于每个客户下的产品个数和位置是一样的，因此在单元格J10输入公式，即可得到指定产品的位置。公式如下：

`=MATCH(J3,B2:B5,0)`

步骤 04 确定指定客户、指定产品的实际行位置。

这个位置是上面两个公式计算出来的，在单元格J11中输入公式，即可得到实际行位置。公式如下：

`=J9+J10-1`

步骤 05 下面把这个计算实际行位置的公式综合起来。

把这个公式中的J9替换为：

`MATCH(J2,A2:A17,0)`

把这个公式中的J10替换为：

`MATCH(J3,B2:B5,0)`

要查找的数据所在的行位置公式综合为（单元格J13）：

`=MATCH(J2,A2:A17,0)+MATCH(J3,B2:B5,0)-1`

步骤 06 确定季度位置。

在单元格 J14 输入公式，得到指定季度的列位置：

=MATCH(J4,C1:F1,0)

步骤 07 在实际查询结果单元格 J6 输入下面的公式，就得到指定客户、指定产品和指定季度的数据：

=INDEX(C2:F17,J13,J14)

步骤 08 这个公式使用了单元格 J13 和 J14，下面进行综合。

把公式中的 J13 替换成：

MATCH(J2,A2:A17,0)+MATCH(J3,B2:B5,0)-1

把公式中的 J14 替换成：

MATCH(J4,C1:F1,0)

那么，就得到了最终的查找数据公式：

=INDEX(C2:F17,

　　　MATCH(J2,A2:A17,0)+MATCH(J3,B2:B5,0)-1,

　　　MATCH(J4,C1:F1,0))

结果如图 4-27 所示。

图4-27　分解综合公式

4.3.6　必须熟练运用的函数

在日常数据处理中，经常使用的函数并不多，不需要学那么多。但是，有几个函数却是经常使用的，不仅要学会它们的基本用法，还要学会联合使用这几个函数，能够创建高效计算公式。

这几个函数如下。

- 处理日期数据：TODAY、EDATE、DATEDIF。
- 处理文本数据：LEFT、RIGHT、MID、TEXT、FIND。
- 逻辑判断处理：IF、IFERROR、AND、OR。
- 分类汇总计算：COUNTIF、COUNTIFS、SUMIF、SUMIFS。
- 查找引用数据：VLOOKUP、MATCH、INDEX。
- 数据四舍五入：ROUND。

关于函数的全面介绍与应用，我将在另外一本著作《掌握核心技术不求人：Excel函数综合运用与动态数据分析模板》中进行详细介绍。

4.4 常用日期函数

日期是一个重要的数据，我们经常对日期进行计算。例如，要计算合同到期日、年龄、工龄等时，就需要使用日期函数进行计算了。

4.4.1 TODAY 函数：获取当天日期

获取当天日期使用 TODAY 函数，注意该函数没有参数，因此使用方法为：

=TODAY()

例如，从今天开始，10 天后的日期就是：

=TODAY()+10

从今天开始，10 天前的日期就是：

=TODAY()-10

如图 4-28 所示就是计算各个合同离到期日的剩余天数，公式如下：

=B2-TODAY()

	A	B	C
1	合同	到期日	到期剩余天数
2	A001	2017-12-31	89
3	A002	2018-3-25	173
4	A003	2018-5-31	240
5	A004	2018-9-30	362

图4-28　计算合同到期剩余天数

4.4.2 EDATE 函数：计算到期日

EDATE 函数（英文念法是：End of Date）用来计算指定日期之前或之后几个月的日期，也就是给定了期限（月数），要计算到期日。其使用方法如下：

=EDATE(指定日期，以月数表示的期限)

例如，单元格 B2 保存一个日期，那么这个日期之后 5 个月的日期就是：

=EDATE(B2,5)

这个日期之前 5 个月的日期是：

=EDATE(B2,-5)

而今天开始，3 年 5 个月后的日期就是：

=EDATE(TODAY(),3*12+5)

EDATE 函数得到的结果是一个常规的数字，因此需要把单元格的格式设置为日期格式。

● 案例4-4

如图 4-29 所示就是计算合同到期日，单元格 D2 的计算公式如下：

```
=EDATE(B2,C2*12)-1
```

图4-29　计算合同到期日

4.4.3　DATEDIF 函数

DATEDIF 函数（英文念法是：Date difference）用于计算指定的类型下，两个日期之间的期限。用法如下：

```
=DATEDIF(开始日期，截止日期，格式代码)
```

这个函数在第 2 章已经详细介绍过了，是隐藏函数，在"插入函数"对话框里是找不到的，需要在单元格手工输入。

在使用这个函数时，务必注意两个日期的统一标准问题。

在计算期限时，如果开始日期是月初，那么截止日期也要为月初；如果开始日期是月末，那么截止日期也要为月末。

例如，开始日期是 2016-10-1，截止日期是 2017-9-30，要计算这两个日期之间的总月数，很显然应该是 12 个月，但是，下面的公式计算得到的结果却是 11 个月：

```
=DATEDIF("2016-10-1","2017-9-30","m")
```

要想得到正确的结果，公式必须改为：

```
=DATEDIF("2016-10-1","2017-9-30"+1,"m")
```

或者：

```
=DATEDIF("2016-10-1"-1,"2017-9-30","m")
```

案例4-5

如图 4-30 所示是计算员工年龄和工龄，各个单元格公式如下。

◎ 单元格 E2：
```
=DATEDIF(D2,TODAY(),"Y")
```

◎ 单元格 G2：
```
=DATEDIF(F2,TODAY(),"Y")
```

◎ 单元格 H2：
```
=DATEDIF(F2,TODAY(),"YM")
```

◎ 单元格 I2：
```
=DATEDIF(F2,TODAY(),"MD")
```
。

◎ 单元格 J2：
```
=G2&"年零"&H2&"个月零"&I2&"天"
```

图4-30　计算年龄和工龄

4.5 常用文本函数

在第 2 章和第 3 章中，已经简单介绍了几个常用的文本函数及其应用。下面再将这几个函数系统地复习。

4.5.1 LEFT 函数：从字符串左侧截取字符

LEFT 函数的功能是从字符串截取指定个数的字符。用法如下：

=LEFT(字符串，截取的字符个数)

比如，取出字符串"中国1949年"左边的 2 个字符，公式如下：

=LEFT("中国1949年",2)

结果为"中国"。

LEFT 函数得到的数据是文本，若要提取的字符串是数字时，要特别注意提取数据和原始数据类型的匹配。

案例4-6

图 4-31 所示是一张房屋销售记录表，要求根据 C 列楼栋房号的第 1 个数字进行判断，如果是 3，就是复式公寓，否则就是平层公寓。

这个问题需要联合使用 LEFT 函数和 IF 函数来解决：先用 LEFT 函数从楼栋房号中提取第 1 个数字，再用 IF 函数进行判断。公式如下：

=IF(LEFT(C2,1)="3","复式公寓","平层公寓")

特别注意：由于 LEFT 的结果是文本型数字 3，因此判断条件值 3 也必须表达为文本型数字。

结果如图 4-32 所示。

图4-31　从楼栋房号的第1个数字判断类型　　　图4-32　房屋类型的处理结果

4.5.2 RIGHT 函数：从字符串右侧截取字符

RIGHT 函数的功能是从字符串右侧截取指定个数的字符。用法如下：

=RIGHT(字符串，截取的字符个数)

例如，下面的公式：

=RIGHT("1001 现金",2)

就是把字符串"1001 现金"的右边 2 个字符取出来，结果为"现金"。

与 LEFT 函数一样，RIGHT 函数得到的数据也是文本，因此在实际应用中，要特别注意提取数据和原始数据类型的匹配。

案例4-7

图 4-33 所示是从 SAP 中导入的区域内部往来账明细，现在需要从 D 列的摘要中提取出内部支票号，保存到 F 列。

仔细观察 D 列摘要数据，可以看出，内部支票号就是摘要的最后 4 个数字，因此可以使用 RIGHT 函数直接取出。单元格 F2 公式如下：

=RIGHT(D2,4)

数据表格处理结果如图 4-34 所示。

图4-33　导入的内部往来账明细　　　　图4-34　提取的内部支票号

4.5.3 MID 函数：从字符串中间截取字符

MID 函数用来从字符串中指定位置开始，截取指定个数的字符。用法如下：

=MID(字符串，取数的起始位置， 要提取的字符个数)

在第 2 章中，我们就使用了 MID 函数从身份证号码中提取生日和性别，忘记的读者可回看第 2 章的内容。下面再举一个例子。

案例4-8

在图 4-35 中，左侧是从 ERP 中导入的原始数据。现在要统计每个客户每个月的销量，汇总表结构如图 4-35 右侧所示。

汇总表要求按照月份汇总，而原始数据的 A 列是 6 位数的非法日期。有人说了，使用分列工具将 A 列转换成真正日期,然后再使用数据透视表直接完成就可以了。是的，这是一个最简便的汇总方法。

111

图4-35 原始数据与汇总表

但是，原始数据总是在变，那么能不能用一个公式实现这个汇总目的呢？不需要分列转换，不需要辅助列？答案是：可以的，联合使用 SUMPRODUCT 函数和 MID 函数即可完成。

单元格 I3 公式如下：

```
=SUMPRODUCT(($B$2:$B$556=$H3)*1,
            (MID($A$2:$A$556,3,2)=I$2)*1,
            $D$2:$D$556)
```

在这个公式中，SUMPRODUCT 函数的第二个参数 (MID($A$2:$A$556,3,2)=I$2)*1，就是使用了 MID 函数从原始非法日期中，把中间的两位数字取出来，与汇总表的标题进行比较。

4.5.4 FIND 函数：从字符串中查找指定字符的位置

FIND 函数用于从一个字符串中，查找指定字符出现的位置。用法如下：

```
=FIND(指定字符，字符串，开始查找的起始位置)
```

例如，假若单元格 A2 保存字符串"Excel 高效办公技巧"，现在要查找"办公"两个字出现的位置，则公式为"=FIND("办公",A2)"，得到结果为 8，表明从左边的第 1 个字符算起，第 8 个字符就是要找的"办公"。这里忽略了该函数的第 3 个参数，表明从字符串的第 1 个字符开始查找。

要特别注意，FIND 函数是区分大小写的。如果不区分大小写，需要使用 SEARCH 函数，其用法与 FIND 函数是完全一样的，即：

```
=SEARCH(指定字符，字符串，开始查找的起始位置)
```

在第 3 章中，我们介绍了很多 FIND 函数应用案例。下面再介绍一个简单的例子。

📖 案例4-9

在图 4-36 中 A 列是从系统中导入的原始数据，现在需要把品名、数量和单位取出来。例如第一个"50kg 玉米专用肥"，品名是"玉米专用肥"，数量是 50，单位是 kg。

图4-36 从原始字符串中提取品名、数量和单位

如果先取品名，是不容易的，因为品名的名称长度不确定。

在这个例子中，单位都是 kg，所以是不用提取的，直接输入到 D 列即可。

数量是数字，可能是整数，也可能是小数，但数量有一个明显的特征：数量的数字后面是两个字符（kg）。因此，只要把字符 kg 的位置确定出来，就可以提取该字符前面的数量和后面的品名了。

各个单元格公式如下：

◎ 单元格 B2：

=MID(A2,FIND("kg",A2)+2,100)

◎ 单元格 C2：

=LEFT(A2,FIND("kg",A2)-1)

结果如图 4-37 所示。

图4-37 提取出的品名、数量和单位

4.5.5 TEXT 函数：将数字转换为指定格式的文本

TEXT 函数用来把数字转换为指定格式的文本。用法如下：

=TEXT（数字，格式代码）

公式"=TEXT(TODAY(),"mmmm")"的结果是 April（假设 TODAY 是 2018-4-25）。

使用这个函数时，要注意以下几点。

（1）TEXT 函数转换的对象是数字，结果是文本。

（2）对于本身已经是文本的数据，TEXT 函数不起作用。

在第 2 章和第 3 章中，已经介绍了几个 TEXT 函数应用的例子。下面再介绍几个例子，以强化这个函数的应用。

案例4-10

图 4-38 所示是从 SAP 中导入的原始数据，现在要求用一个公式计算各月的总金额。

图4-38 原始数据和需要的汇总表

仔细分析 A 列日期的特点，中间 2 位数字就是月份，只要用 MID 函数将其取出来，然后使用 TEXT 函数将取出的数字 01、02、03……转换为"1月""2月""3月"……即可。这样，单元格 G2 的公式如下：

=SUMPRODUCT((TEXT(MID($A$2:$A$317,3,2),"0月")=F2)*1,$C$2:$C$317)

结果如图 4-39 所示。

公式中表达式"TEXT(MID($A$2:$A$317,3,2),"0月")"的原理，就相当于在工作表做了一个辅助列，联合使用 MID 函数和 TEXT 函数从 A 列日期数据中提取月份名称，如图 4-40 所示。单元格 D2 公式如下：

=TEXT(MID(A2,3,2),"0月")

图4-39　直接使用原始数据进行汇总　　　图4-40　做辅助列，提取并转换月份名称

4.6　常用逻辑判断函数

逻辑判断贯穿 Excel 的各个方面，离开了逻辑判断，很多数据处理就无法进行。在 Excel 函数中，逻辑判断函数是最常用的函数之一。尽管很多人对 IF 函数有所了解并能够应用，但也有一部分"小白"，居然没用过 IF 函数，更谈不上嵌套 IF 了。因此，熟练掌握并运用 IF 函数，是使用 Excel 最基本的要求之一。

4.6.1　什么是条件表达式

IF 函数的应用，离不开条件判断，而条件判断的核心就是如何构建条件表达式。

条件表达式，就是根据指定的条件准则，对两个项目进行比较（逻辑运算），若满足条件，则返回 TRUE，否则返回 FALSE。

这里要注意以下几点。

（1）在做大小比较时，逻辑值和文本永远大于任何数字。

（2）只能是两个项目进行比较，不能是 3 个以上的项目做比较。

比如，公式"=100>200"就是判断 100 是否大于 200，结果是 FALSE。

又如，公式"=100>200>300"的逻辑是：先判断 100 是否大于 200，结果为 FALSE，再把这个结果 FALSE 与 300 进行判断，其结果是 TRUE 了。这个公式是两个判断的过程。

（3）条件表达式的结果只能是逻辑值：TRUE 或 FALSE。

（4）在基本的算术运算中，逻辑值 TRUE 和 FALSE 分别被当做数字 1 和 0。

例如，公式"=100+TRUE"的结果是 101，而公式"=100*TRUE"的结果是 100，因为在公式中，TRUE 被处理成了 1。

（5）逻辑运算符有以下 6 个。
- 等于（=）。
- 大于（>）。
- 大于或者等于（>=）。
- 小于（<）。
- 小于或者等于（<=）。
- 不等于（<>）。

4.6.2 IF 函数的基本用法与注意事项

IF 函数的基本用法是，根据指定的条件进行判断，得到满足条件的结果 1 或者不满足条件的结果 2。其用法如下：

=IF(条件判断，条件成立的结果 1，条件不成立的结果 2)

IF 函数的逻辑关系以及与"函数参数"对话框的对应关系如图 4-41 所示。

图 4-41　IF 函数的基本原理与逻辑

案例 4-11

在此通过图 4-42 展示 IF 函数的基本应用，计算每个人迟到和早退的分钟数。这里规定上班时间是 8:30—17:30。计算公式如下：

- 单元格 G2，迟到分钟数：

=IF(E2>8.5/24,(E2-8.5/24)*24*60,"")

此时参数设置如图 4-43 所示。

图 4-42　IF 函数基本应用：计算迟到分钟数和早退分钟数

◎ 单元格 H2，早退分钟数：
```
=IF(F2<17.5/24,(17.5/24-F2)*24*60,"")
```

图4-43　G2单元格IF函数的参数设置

思考：在这个公式中，8.5/24 是什么？17.5/24 又是什么？"*24*60"又是什么意思？如果不理解这种写法，请返回前面的章节中，仔细阅读关于 Excel 处理日期和时间的规则。

4.6.3　创建嵌套 IF 公式的实用技能

很多数据处理的公式需要使用嵌套 IF 函数，关于如何快速创建嵌套 IF 函数公式，前面已经介绍过了，这里不再叙述。

记住以下核心的两点。

（1）学会画逻辑流程图来梳理逻辑思路。

（2）学会使用"函数参数"对话框和名称框来快速准确地输入函数。

4.6.4　IFERROR 函数：处理公式的错误值

设计公式，不可避免地会出现错误值。公式的错误，要么是公式根本就错了，必须彻底纠正；要么是公式没错，只是由于数据问题，导致公式计算错误，此时，就需要将错误值进行处理。

如果要将公式可能出现的错误值屏蔽掉，可以使用 IFERROR。也就是说，如果公式计算出现了错误，就把这个错误值处理为希望的结果，比如设置单元格为空，如果不出现错误，就不用管它，此时，公式可以修改如下：

```
=IFERROR（公式表达式，""）
```

如果要把错误值处理为数字 0，公式可以写为：

```
=IFERROR（公式表达式，0）
```

◎ **案例4-12**

图 4-44 所示就是一个 IFERROR 函数应用示例，当"去年"列没有数据时，就会出现 #DIV/0! 错误，这是不对的，因此必须处理这个错误值。这里的处理方式为：如果去年没数据，增长率就不算了，也就是单元格留空。此时，单元格 E3 公式如下：

```
=IFERROR(D3/C3-1,"")
```

此时参数设置如图 4-45 所示。

图4-44　使用IFERROR函数处理错误值　　　图4-45　IFERROR函数的参数设置

4.6.5　AND 函数：几个条件都必须同时成立

前面介绍的都是一个条件的判断。实际数据处理中，也会经常做几个条件的判断，例如，给定了几个条件，这几个条件必须都满足。

AND 函数用来组合几个与条件，也就是这几个条件必须同时满足。用法如下：

=AND（条件1，条件2，条件3，…）

案例4-13

以案例 4-11 的数据为例，要判断哪些人正常出勤，以便计算公司的正常出勤率。所谓正常出勤，就是既不迟到也不早退，因此是两个条件同时成立的判断。

如图 4-46 所示，单元格 G2 的公式为：

=IF(AND(E2<=8.5/24,F2>=17.5/24),"y","")

图4-46　判断每个人是否正常出勤

4.6.6　OR 函数：只要有一个条件成立即可

OR 函数用来组合几个或条件，也就是这几个条件只要有一个满足即可。用法如下：

=OR（条件1，条件2，条件3，…）

案例4-14

以案例 4-11 的数据为例，判断哪些人没有正常出勤？

所谓非正常出勤，就是要么迟到，要么早退，因此"要么迟到，要么早退"两个条件中，只要有一个成立即可。

如图4-47所示，单元格G2的公式为：
`=IF(OR(E2>8.5/24,F2<17.5/24),"y","")`

图4-47 判断每个人是否非正常出勤

4.7 常用汇总计算函数

从分类汇总方式上来说，常见的分类汇总方式有计数与求和两种；从分类汇总的匹配条件上来说，有精确匹配汇总与模糊匹配汇总；从条件的多少来说，有单条件分类汇总与多条件分类汇总。

不同情况下的分类汇总，解决的思路是不同的，使用的函数也是不同的。

4.7.1 两种常见的分类汇总方式：计数与求和

所谓计数，就是把满足条件的单元格个数统计出来。这样的问题在人力资源中是经常碰到的，比如统计各个部门、各个职位、各个学历、各个年龄段的员工人数，统计各个工资区间的人数等；在财务中也会遇到这类问题，比如统计订单数、统计汇款次数、统计金额笔数等。

所谓求和，就是把满足条件的单元格数据进行加总合计。这样的问题，遍及企业的财务、人力资源、销售、生产等各个方面。

4.7.2 两种条件下的分类汇总：单条件与多条件

不论是什么情况下的分类汇总，几乎都是有条件的，而条件也有单条件和多条件之分。比如，要计算每个地区的总销售额，这就是单条件求和问题；如果要计算每个地区、每个产品的销售额，就是两个条件下的求和问题（多条件求和）。

4.7.3 两种匹配条件下的分类汇总：精确匹配与模糊匹配

有些情况下，要根据一个具体的条件进行分类汇总，这就是精确匹配。比如要计算华东地区的销售额。

在另外一些情况下，需要把含有指定关键词的数据汇总起来，这就是模糊匹配。比如要计算含有关键词"钢筋"的金额合计数。

还有一些情况下，要统计某个数值区间的数据。例如把销售额在 100 万元以上的订单数统计出来，并计算这些订单金额的合计数。

模糊匹配问题，常常使用通配符（*）来匹配关键词，或者使用比较运算符（大于、大于或等于、小于、小于或等于、不等于）来做数值区间匹配。

4.7.4 常用的条件计数与条件求和函数

在日常数据处理和分析中，常用的条件计数与条件求和函数有以下几个。

- 条件计数：COUNTIF 函数（单条件计数），COUNTIFS 函数（多条件计数）。
- 条件求和：SUMIF 函数（单条件求和），SUMIFS 函数（多条件求和）。

4.7.5 单条件计数 COUNTIF 函数：精确匹配

COUNTIF 函数是根据一个指定的条件，把指定区域内满足条件的单元格个数统计出来。使用方法如下：

=COUNTIF(统计区域，条件值)

这里要注意，条件值可以是精确的，也可以是模糊的。

案例4-15

根据员工基本信息表，统计每个部门、每个学历的总人数，如图 4-48 所示，计算公式如下：

（1）单元格 C3，各部门人数：

=COUNTIF(基本信息!C:C,B3)

图4-48　COUNTIF函数进行单条件计数

此时参数设置如图 4-49 所示。

图4-49　COUNTIF函数的参数设置

（2）单元格F3，各学历人数：

=COUNTIF(基本信息!D:D,E3)

统计每个部门时，就是在"基本信息"工作表的C列里统计每个部门出现的次数，是单条件计数。

统计每个学历时，就是在"基本信息"工作表的D列里统计每个学历出现的次数，也是单条件计数。

4.7.6 单条件计数COUNTIF函数：模糊匹配，使用通配符

如果把COUNTIF函数的第2个参数设置为模糊的条件，比如使用通配符（*），或者使用比较运算符，就可以实现模糊匹配条件下的单条件计数。

◉ 案例4-16

图4-50所示是一张购买材料的明细表，其中C列保存购买材料的说明文字，现在要求统计每种材料的购买次数。

显然，这个问题就是一个模糊匹配条件下的单条件计数问题，因为在C列里保存的是购买材料说明文字，其中含有购买的材料名称。这个问题就需要使用通配符（*）来构建模糊匹配条件了。

通配符（*）代表用来进行模糊匹配的任意字符。常见的表达形式如表4-1所示。

表4-1　通配符的表达形式

类型	表达方式	含义
开头是	钢筋*	以"钢筋"开头
结尾是	*钢筋	以"钢筋"结尾
包含	*钢筋*	含有"钢筋"
不包含	<>*钢筋*	不含有"钢筋"

这样，单元格I3的计算公式如下：

=COUNTIF(C:C,"*"&H3&"*")

这个公式，就是从C列里查找并统计那些含有H3单元格指定关键词（这里就是"钢筋"）的单元格并统计个数。

	A	B	C	D	E	F	G	H	I
1	日期	供应商名称	项目	票号	金额			项目	采购次数
2	2017-01-18	北京意顺风发展有限公司	购钢筋款	104959	831.50			钢筋	6
3	2017-01-28	北京华顺电子有限公司	购电线款	104960	30,000.00			网线	4
4	2017-01-29	北京马哈电子科技有限公司	购电缆款	104961	40,000.00			电缆	6
5	2017-02-18	北京瑞高显科技有限公司	购监视器款	104962	22,750.00			监控器	4
6	2017-02-22	北京意顺风发展有限公司	购钢筋款	104963	312,600.00			控制器	4
7	2017-03-19	北京美电器有限公司	购热水器款	104964	56,850.00			热水器	13
8	2017-04-12	北京双星电子有限公司	购热水器款	104965	46,363.94				
9	2017-04-18	北京京晶电器有限公司	购网线款	104965	4,954.23				
10	2017-04-20	北京华顺电子有限公司	购网线款	104966	33,383.30				
11	2017-04-20	北京马哈电子科技有限公司	购电线款	104967	20,000.00				
12	2017-04-20	北京卓越控制设备有限公司	购控制器款	104968	5,550.00				
13	2017-05-19	北京意顺风发展有限公司	购钢筋款	104969	189,692.00				
14	2017-06-12	北京马哈电子科技有限公司	购电线款	104970	20,000.00				

图4-50　模糊匹配条件下的单条件计数

此时参数设置如图4-51所示。

图4-51　COUNTIF函数的条件使用通配符

4.7.7　单条件计数COUNTIF函数：模糊匹配，使用比较运算符

使用比较运算符，可以统计指定数值以上的、以下的、或者不等于的数据。

例如，在前面案例4-15所示的员工信息统计中，要统计工龄20年(含)以上和20年以下的人数。公式分别如下：

○ 单元格I3，工龄20年（含）以上人数：

=COUNTIF(基本信息!I:I,">=20")

此时的参数设置如图4-52所示。

○ 单元格I4，工龄20年以下人数：

=COUNTIF(基本信息!I:I,"<20")

结果如图4-53所示。

图4-52　COUNTIF函数的条件使用比较运算符　　图4-53　统计工龄20年以上和20年以下的人数

案例4-17

下面的例子是从员工信息表中，统计劳务工和合同工的总人数。这里合同类型有合同工、劳务工和外借3种情况。

大部分人会这么做公式，也就是分别统计出劳务工和合同工的人数，再相加：

=COUNTIF(J:J,"劳务工")+COUNTIF(J:J,"合同工")

这个思路是比较烦琐的，因为毕竟是两个公式相加。

其实，由于合同类型仅仅有3种，那么剔除"外借"这种类型，剩下的不就是劳务工和合同工的总人数吗？

有了这个思路，就可以使用比较运算符来做模糊条件匹配，也就是统计"不等于外借"的单元格个数。此时公式如下：

=COUNTIF(J2:J87,"<>外借")

结果如图 4-54 所示。

图4-54 统计劳务工和合同工的总人数

4.7.8 多条件计数 COUNTIFS 函数：精确匹配

COUNTIFS 函数是根据指定的多个条件，把指定区域内满足所有条件的单元格个数统计出来。用法如下：

=COUNTIFS(统计区域 1，条件值 1，统计区域 2，条件值 2，统计区域 3，条件值 3,…)

与 COUNTIF 函数一样，这里的每个条件值同样可以是精确的，也可以是模糊的。另外，这里的几个条件，都必须是"与"条件，也就是说，所有条件都满足才计入在内。

案例4-18

下面的例子是从员工信息表中，统计每个部门有学历的人数，如图 4-55 所示。这是两个条件的精确匹配计数，单元格 C3 的公式为：

=COUNTIFS(基本信息!$C:$C,$B3,基本信息!$D:D,C2)

这个公式的原理就是：从基本信息表的 C 列里匹配指定的部门，从基本信息表的 D 列里匹配指定的学历，因此两个条件都必须成立。

此时参数设置如图 4-56 所示。

图4-55 每个部门有学历的人数　　图4-56 COUNTIF函数的参数设置：精确条件

说明一下，这个汇总表出现了大量的 0，很难看。可以在"Excel 选项"对话框中设置不显示 0，如图 4-57 所示。这样表格就清晰多了，如图 4-58 所示。

图4-57　设置Excel选项，不显示工作表的零值　　图4-58　每个部门有学历的人数

4.7.9　多条件计数 COUNTIFS 函数：模糊匹配，使用通配符

与 COUNTIF 函数一样，COUNTIFS 函数的几个条件值也可以是模糊匹配的条件，例如使用通配符、使用比较运算符等。

扫码看视频

案例4-19

图 4-59 所示是一张统计各个供应商各种材料采购次数的统计表。单元格 I4 公式如下：

=COUNTIFS($B:$B,$H4,$C:$C,"*"&I$3&"*")

在这个公式中，从 B 列匹配供应商名称，是精确条件；从 C 列匹配产品名称，是含有指定名称的模糊条件。

图4-59　统计各个供应商各种材料的采购次数

此时的函数参数设置如图 4-60 所示。

图4-60　COUNTIFS函数的参数设置，第2个条件值使用通配符匹配关键词

123

4.7.10 多条件计数 COUNTIFS 函数：模糊匹配，使用比较运算符

当条件是诸如大于、小于、不等于这样的条件值比较时，就可以在条件值中使用比较运算符进行判断处理。

案例4-20

如图 4-61 所示是从员工信息表中，统计每个部门在每个年龄段的人数分布。这是模糊条件下的多条件计数。各单元格公式如下：

（1）单元格 C3：

=COUNTIFS（基本信息！$C:$C,$B3,基本信息！$G:$G,"<=30"）

此时的参数设置如图 4-62 所示。

（2）单元格 D3：

=COUNTIFS（基本信息！$C:$C,$B3,基本信息！$G:$G,">=31",基本信息！$G:$G,"<=40"）

（3）单元格 E3：

=COUNTIFS（基本信息！$C:$C,$B3,基本信息！$G:$G,">=41",基本信息！$G:$G,"<=50"）

（4）单元格 F3：

=COUNTIFS（基本信息！$C:$C,$B3,基本信息！$G:$G,">=51"）

	A	B	C	D	E	F	G
1							
2		所属部门	30岁以下	31-40岁	41-50岁	51岁以上	合计
3		总经办	2	1	3		6
4		人力资源部	2	5	1	1	9
5		后勤部		2	1	1	4
6		生产部	3	2	2	2	9
7		财务部	1	2	5		8
8		销售部	4	5	2		11
9		市场部		9	5	2	16
10		信息部		3	1	1	5
11		贸易部	1	2	2		5
12		技术部	4	2	3		9
13		质检部	2	3	1		6
14		合计	19	37	22	8	86

图4-61 每个部门、每个年龄段的人数

图4-62 COUNTIF函数的参数设置：部门为精确条件，年龄为模糊条件

4.7.11 单条件求和 SUMIF 函数：精确匹配

SUMIF 函数是根据指定的一个条件，把指定区域内满足条件的单元格数据进行求和。用法如下：

=SUMIF（条件判断区域,条件值,实际求和区域）

与 COUNTIF 函数的一样，函数的条件值可以是精确的，也可以是模糊的。

SUMIF 函数的应用非常广泛，从基础表单的直接汇总，到某些表格的自动求和，大部分表格都有这样的条件求和问题。下面介绍几个实际应用案例。

案例4-21

图 4-63 所示是一个统计每个购货商的采购次数和采购总金额的例子。计算公式如下：

◎ 单元格 I3，采购次数：

=COUNTIF(B:B,H3)

◎ 单元格 J3，采购总金额：

=SUMIF(B:B,H3,E:E)

图4-63　统计每个购货商的采购次数和采购总金额

此时的参数设置如图 4-64 所示。

图4-64　SUMIF函数的参数设置，精确条件

案例4-22

图 4-65 所示是一种很多人都会设计的表格结构，在每个部门下都有一个小计，现在要把这些部门的小计进行加总，保存到表格的顶部，方便查看。很多人会使用如下的公式开始相加了：

=B7+B14+B21+B32+…

结果，一不留神加错单元格，然后就发现总数对不上，就开始一个一个单元格检查了，然后发现还是不对……

其实，要加总的单元格都是小计，为什么不让函数去寻找小计数呢？因为相加的单元格都有一个明显的特征：B 列里都是"小计"所对应的数据。因此，只要判断 B 列里是否有"小计"，如有，就把 C 列的数据相加，否则就不加。因此，这个求和公式，使用一个 SUMIF 函数即可快速准确地解决。

单元格 B2 的公式如下：

=SUMIF($B:$B," 小计 ",C:C)

此时参数设置如图 4-66 所示。

图4-65　加总所有部门的小计

图4-66　SUMIF函数的参数设置

4.7.12　单条件求和 SUMIF 函数：模糊匹配，使用通配符

将 SUMIF 函数的条件值设置为模糊的条件，比如使用通配符，即可实现关键词模糊匹配下的汇总。

案例4-23

计算各个项目的采购总金额，如图 4-67 所示。单元格 J3 的计算公式如下：

=SUMIF(C:C,"*"&H3&"*",E:E)

图4-67　计算各个项目的采购次数和采购总金额

此时参数设置如图 4-68 所示。

图4-68　SUMIF函数的参数设置，模糊条件

4.7.13 单条件求和 SUMIF 函数：模糊匹配，使用比较运算符

有学生问，如何把一列中保存有正数和负数的数字，分别计算正数的合计和负数的合计？这个问题就是一个使用比较运算符构建模糊条件的应用。

案例4-24

图 4-69 是对账单数据，现在要对 E 列的发生额按照正数和负数分别求和。公式分别如下：

- 正数合计：

=SUMIF(E:E,">0")

- 负数合计：

=SUMIF(E:E,"<0")

图4-69 分别计算正数和负数的合计

4.7.14 多条件求和 SUMIFS 函数，精确条件

SUMIFS 函数是根据指定的多个条件，把指定区域内满足所有条件的单元格数据进行求和。用法如下：

=SUMIFS(实际求和区域，

条件判断区域1，条件值1，

条件判断区域2，条件值2，

条件判断区域3，条件值3…)

这里的各个条件值，既可以是精确的条件，也可以是模糊的条件。

案例4-25

图 4-70 所示是一张收款记录表，现在要求制作实时的收款统计表，按项目和用途进行汇总。这是两个条件的精确匹配求和，单元格 J2 的计算公式如下：

=SUMIFS($C:$C,$E:$E,$I2,$F:F,J1)

图4-70 按项目和用途汇总金额

此时参数设置如图 4-71 所示。

图4-71 SUMIFS函数的参数设置，精确条件

4.7.15 多条件求和 SUMIFS 函数，模糊条件，使用通配符

SUMIFS 函数的各个条件值使用通配符构建条件，就可以对包含有关键词的项目进行汇总求和。

◎ 案例4-26

计算每个客户、每个类别产品的总金额，如图 4-72 所示。

这里，客户是精确条件，但产品类别是模糊的，是原始表中 C 列的产品编码的左两位字母，因此需要使用通配符进行关键词匹配。

单元格 H3 的公式如下：

```
=SUMIFS($D:$D,$B:$B,$G3&"*",$C:$C,H$2)
```

图4-72 计算每个客户、每个类别产品的总金额

SUMIFS 函数的参数设置如图 4-73 所示。

图4-73 SUMIFS函数的参数设置，使用通配符构建模糊条件

4.7.16 多条件求和 SUMIFS 函数，模糊条件，使用比较运算符

有学生问："华东地区销售额在 10 万元以上的门店有多少家？这些门店的销售总额是多少？华北呢？华南呢？……这样的问题，你会如何统计出来？"

案例4-27

图 4-74 所示就是这样的一个示例。左侧 A 列至 F 列是店铺月报数据，右侧 I 列至 K 列是统计报表。A 列地区的统计是精确条件，F 列销售额 10 万元以上的是比较条件，是模糊条件。

这样，各个单元格计算公式如下：

◎ 单元格 J4，销售额 10 万元以上的门店数：

=COUNTIFS(A:A,I4,F:F,">100000")

◎ 单元格 K4，销售额 10 万元以上门店的销售总额：

=SUMIFS(F:F,A:A,I4,F:F,">100000")

图4-74　销售额在10万元以上的门店统计

SUMIFS 函数的参数设置如图 4-75 所示。

图4-75　SUMIFS函数的参数设置：地区是精确条件，销售额是模糊条件

4.8　常用查找引用函数

"老师，怎样才能快速从工资表里把每个人的实发工资链接到发放单工作表中？我现在都是先排序，然后直接等号过来。工作表次序经常被别人打乱，不得不每次都排序，太麻烦了。"一位学生问道。

"老师，我的表格没法用 VLOOKUP 函数取数了，因为匹配值在右边，怎么办啊？听说 VLOOKUP 可以反向查找，网上查到的公式不理解，有没有更好理解的函数公

式啊？"一位学生问道。

"老师，从 U8 里导出的管理费用科目很乱，我希望能做一个公式，直接把含有某个指定项目名称的数据查找出来。我每次都是先分列，再查找，但是分列也很麻烦。有没有一个简单的公式来解决这个问题？"一位学生问道。

诸如此类，核心都是数据查找的问题，而数据查找，是数据处理和数据分析中最常见的操作，经常使用的查找函数是下面 3 个，如果能把这 3 个函数熟练综合运用，基本上就能解决常见的数据处理分析问题。

- VLOOKUP。
- MATCH。
- INDEX。

如果你具有一定的函数公式基础了，那么还需要学习 INDIRECT 函数及 OFFSET 函数，以及如何把这些函数综合起来，制作自动化的数据分析模板。关于这两个函数及自动化高效数据分析的制作，将在其他著作中进行介绍。

4.8.1　VLOOKUP 函数：基本原理

说起 VLOOKUP 函数，大多数人都会说，我用过。在很多人的应聘简历中，也都写着精通 Excel，面试时也信心十足地说会用 VLOOKUP 函数。然而，在每次的培训课上，都会遇到咨询 VLOOKUP 函数的，说这个函数总是用不好，总是出现问题。

VLOOKUP 函数的原理是：根据一个指定的条件，在指定的数据列表或区域内，从数据区域左边的第一列中匹配哪个项目满足指定的条件，然后从右边某列取出该项目对应的数据。用法如下：

=VLOOKUP（匹配条件，查找列表或区域，取数的列号，匹配模式）

该函数的 4 个参数说明如下。

- 匹配条件：就是指定的查找条件。
- 查找列表或区域：是一个至少包含一列数据的列表或单元格区域，并且该区域的第 1 列必须含有要匹配的条件，也就是说，谁是匹配值，就把谁选为区域的第 1 列。
- 取数的列号：是指定从区域的哪列取数，这个列数是从匹配条件那列开始往右算的。
- 匹配模式：是指做精确定位单元格查找和模糊定位单元格查找。当为 TRUE 或者 1 或者忽略时做模糊定位单元格查找，也就是说，匹配条件不存在时，匹配最接近条件的数据；当为 FALSE 或者 0 时做精确定位单元格查找，也就是说，条件值必须存在，要么是完全匹配的名称，要么是包含关键词的名称。

> VLOOKUP 函数的应用是有条件的，并不是任何表格、任何数据查询问题都可以使用 VLOOKUP 函数。要使用 VLOOKUP 函数，必须满足以下 4 个条件。
> - 查询区域必须是列结构的，也就是数据必须按列保存（这就是为什么该函数的第 1 个字母是 V 的原因了，V 就是英文单词 Vertical 的缩写）。

◎ 匹配条件必须是单条件的。
◎ 查询方向是从左往右的，也就是说，匹配条件在数据区域的左边某列，要取的数在匹配条件的右边某列（网上出现了VLOOKUP函数的从右往左反向查找，其实本质并不是这个函数能反向查找，而是在函数中使用了数组，在这个数组中将条件列和结果列调换了位置）。
◎ 在查询区域中，匹配条件不允许有重复数据。

把VLOOKUP函数的第1个参数设置为具体的值，从查询表中数一数要取数的列号，并且把第4个参数设置为FALSE或者0，这是最常见的用法。

4.8.2 VLOOKUP 函数：基本用法

了解了VLOOKUP函数的基本原理，下面结合实际案例，介绍这个函数的基本用法和注意事项。

案例4-28

图4-76所示，是一张员工工资清单，现在要求把每个人的实发工资从工资表中查询出来，保存到发放表中，如图4-77所示。

图4-76 工资表

图4-77 工资发放表

这是一个典型的VLOOKUP函数应用例子。下面我们分析下，为什么这个问题可以用VLOOKUP函数来解决。

在这个例子中，要从"5月工资"中查找姓名为"李萌"的"实发合计"。那么，VLOOKUP的查找数据的逻辑描述如下。

（1）姓名"李萌"是条件，是查找的依据（匹配条件），因此VLOOKUP函数的第1个参数是A2指定的具体姓名。

（2）搜索的方法是从"5月工资"工作表的B列里，从上往下依次搜索匹配哪个单元格是"李萌"两个字，如果是，就不再往下搜索，转而往右准备取数，因此VLOOKUP函数的第2个参数从"5月工资"工作表的B列开始，到S列结束的单元格区域B:S。

（3）这里要取"实发合计"这列的数，从姓名这列算起，往右数到第18列是要提取的实发合计，因此VLOOKUP函数的第3个参数是18。

（4）因为要在"5月工资"的B列里精确定位到有"李萌"姓名的单元格，所以VLOOKUP函数的第4个参数要输入FALSE或者0。

这样，"发放表"工作表D2单元格的查找公式如下：

`=VLOOKUP(A2,'5月工资'!B:S,18,0)`

VLOOKUP函数的参数设置如图4-78所示，结果如图4-79所示。

图4-78　VLOOKUP函数的各个参数设置　　图4-79　完成的实发合计发放表

4.8.3　VLOOKUP 函数：根据关键词查找

VLOOKUP函数的第一个参数是匹配条件，就像前面介绍的COUNTIF和SUMIF函数一样，这个条件可以使用通配符（*）来匹配关键词，或者使用通配符（?）来匹配字符个数。这种查找方法可以解决很多看起来很复杂的数据查找问题。

扫码看视频

● 案例4-29

图4-80所示是一个快递公司收单记录表的例子，希望在D列中输入某个地区后，E列自动从价目表里匹配出价格来。

但是，价目表里的地址并不是一个单元格只保存一个地区名称，而是把价格相同的地区保存在了一个单元格，此时，查找的条件就是从某个单元格里查找是否含有指定的地区名字了，这种情况下，在查找条件里使用通配符即可。单元格E2的公式如下：

```
=VLOOKUP("*"&D2&"*",$I$3:$J$9,2,0)
```

图4-80　VLOOKUP的第1个参数使用通配符（*）

VLOOKUP 函数的参数设置如图 4-81 所示。

图4-81　在VLOOKUP的第1个参数使用通配符做关键词匹配

4.8.4　VLOOKUP 函数：根据条件从多个区域查找

VLOOKUP 函数的第 2 个参数是查找区域，一般情况下是指定的一个固定区域。但是在某些情况下，需要从多个区域里进行查找，此时，可以使用相关函数（如 IF 函数、CHOOSE 函数、INDIRECT 函数等）进行判断并自动选择某个区域。

案例4-30

图 4-82 所示是 4 个地区的汇总表，现在要求制作指定分公司、指定产品的销售分布报表。

图4-82　指定分公司、指定产品的地区分布分析

不论是哪个分公司的数据区域，要查询的都是指定产品在各个地区的数据，产品在第 1 例，3 个地区的数据分别在产品右侧的第 2 列、第 3 列和第 4 列，因此可以使用

VLOOKUP 函数匹配查找。

但是，从哪个数据区域查找呢？可以根据指定的分公司来判断，使用嵌套 IF 函数即可解决区域的选择问题。

这样，单元格的公式可以设计如下：

单元格 L6： =VLOOKUP(M3,
　　　　　　　IF(M2=" 分公司 A",B3:E9,
　　　　　　　　IF(M2=" 分公司 B",G3:J9,
　　　　　　　　　IF(M2=" 分公司 C",B13:E19,
　　　　　　　　　　G13:J19))),
　　　　　　　2,
　　　　　　　0)

单元格 M6： =VLOOKUP(M3,
　　　　　　　IF(M2=" 分公司 A",B3:E9,
　　　　　　　　IF(M2=" 分公司 B",G3:J9,
　　　　　　　　　IF(M2=" 分公司 C",B13:E19,
　　　　　　　　　　G13:J19))),
　　　　　　　3,
　　　　　　　0)

单元格 N6： =VLOOKUP(M3,
　　　　　　　IF(M2=" 分公司 A",B3:E9,
　　　　　　　　IF(M2=" 分公司 B",G3:J9,
　　　　　　　　　IF(M2=" 分公司 C",B13:E19,
　　　　　　　　　　G13:J19))),
　　　　　　　4,
　　　　　　　0)

相应函数的参数设置如图 4-83 和图 4-84 所示。

图4-83　VLOOKUP函数的参数设置　　　图4-84　嵌套IF判断并选择查找区域

4.8.5 VLOOKUP 函数：自动定位取数的位置

VLOOKUP 函数的第 3 个参数是取数的列位置，一般情况下是用眼睛数出来的。但是，这种方法在很多情况下是不方便的，比如，一个大型表格，有几十列数据，但仅仅需要取出其中的某几列数据，而这些列的位置可能相隔很远。此时，如何写出一个高效的查找公式？

案例4-31

针对图 4-85 所示工资表，希望制作一个查询表，从"工资清单"工作表中查询指定员工的主要工资项目，如图 4-86 所示。

图4-85　工资清单　　　　　　　　　　　图4-86　查询指定员工的工资主要项目

工资清单上的列数多达 26，但我们仅仅需要取出 9 列数据，而这 9 列数据分布在不同的位置，此时，如果做 9 个公式，在每个公式里数位置，那你就有点想不开了。

由于查询表上的项目名称与工资表上第 1 行的项目名称是相同的名字，因此可以使用 MATCH 函数来自动定位出每个项目的位置，将 MATCH 定位出的位置号作为 VLOOKUP 函数的第 3 个参数，那么就可以创建一个高效的查找公式了。

单元格 C5 的公式如下，往下复制就得到各个项目的数据：

=VLOOKUP($C$2,工资清单!$B:$Z,MATCH(B5,工资清单!$B$1:$Z$1,0),0)

这里，MATCH(B5,工资清单!$B$1:$Z$1,0) 就是自动从工资清单的标题里，定位出某个项目的位置，如图 4-87 所示。

由于 VLOOKUP 函数是从 B 列开始 V 数的，所以 MATCH 函数也必须从 B 列开始定位，如图 4-88 所示。

图4-87　VLOOKUP函数的参数设置，第3个参数是MATCH的结果　　　　图4-88　MATCH函数的参数设置

下面将详细介绍，MATCH 函数的用法。

4.8.6 MATCH 函数：具有定海神针的功能

MATCH 函数的功能是从一个数组（一个一维数组，或者工作表上的一列数据区域，或者工作表上的一行数据区域）中，把指定元素的存放位置找出来。就像一个实际生活中的例子：大家先排成一队，喊号，问张三排在了第几个？MATCH 函数就是这么个意思。

由于必须是一组数，因此在定位时只能选择工作表的一列区域或者一行区域，也可以是自己创建的一维数组。

MATCH 函数得到的结果不是单元格的数据，是指定数据的单元格位置。其语法如下：

=MATCH（查找值，查找区域，匹配模式）

这里的查找区域只能是一列、一行，或者一个一维数组。

匹配模式是一个数字 -1、0 或者 1。如果是 1 或者忽略，查找区域的数据必须做升序排序。如果是 -1，查找区域的数据必须做降序排序。如果是 0，则可以是任意顺序。一般情况下，我们设置成 0，做精确匹配查找。

MATCH 函数不能查找重复数据，也不区分大小写，这点要特别注意。

例如，在图 4-89 中，查找字母 C 的位置都是 5，公式分别如下：

◎ 左图：

=MATCH("C",B3:B9,0)

◎ 右图：

=MATCH("C",B3:H3,0)

图4-89 MATCH函数的基本应用

MATCH 函数的第 2 个参数也可以是一个一维常量数组，因此函数还可以用来在数组数据中查找定位，解决复杂的数据处理问题。

例如，下面公式的结果是 3，也就是说，字母 A 在数组 {"B","D","A","M","P"} 的第 3 个位置：

=MATCH("A",{"B","D","A","M","P"},0)

案例4-32

下面介绍一个简单的应用，即如何使用 MATCH 函数来核对两张表格。

假如有两份名单，分别保存在两张工作表中，现在要求对两份名单进行核对，看看哪些人在表 1 里有而表 2 里没有，哪些人在表 2 里有而表 1 里没有，哪些人在两张表里都有，分别保存在什么位置。

这样的问题，很多人首先想到的是使用 VLOOKUP 函数来解决，但是 VLOOKUP 函数的结果不直观。使用 MATCH 函数，不仅可以判断是否存在，更可以得到该数据在各个表中的保存位置，如图 4-90 所示。

图4-90 使用MATCH函数核对两张表格数据

在表 1 的单元格 B2 输入公式"=MATCH(A2, 表 2!A:A,0)"如图 4-91 所示，往下复制，得到判断表 1 姓名是否在表 2 出现的结果：如果为数字，表明在表 2 存在，数字就是在表 2 中的保存位置（在 A 列的第几行），如果出现错误值，就表明不存在。

在表 2 的单元格 B2 输入公式"=MATCH(A2, 表 1!A:A,0)"，往下复制，得到判断表 2 姓名是否在表 1 出现的结果：如果为数字，表明在表 1 存在，数字就是在表 1 中的保存位置（在 A 列的第几行），如果出现错误值，就表明不存在。

MATCH 函数更多的应用是嵌入到其他函数中，与其他函数联合使用。举例如下。

◎ 与 VLOOKUP 函数联合使用，自动输入 VLOOKUP 函数的第 3 个参数。
◎ 与 INDEX 函数联合使用，先用 MATCH 函数定位出取数的行位置和列位置，再用 INDEX 取数。
◎ 与 OFFSET 函数联合使用，使用 MATCH 函数确定偏移量或新单元格区域的大小等。

图4-91 表1中单元格B2的MATCH函数参数设置

前面介绍的工资表大项查询的问题，就是联合使用 MATCH 函数和 VLOOKUP 函数做高效动态查找公式的经典案例。

4.8.7 MATCH 函数：与 VLOOKUP 函数联合使用制作动态图

由于 MATCH 函数是用来确定指定项目位置的，将其结果作为 VLOOKUP 函数的第 3 个参数，就可以制作一种简单的动态图表。

◎ 案例 4-33

例如，对于图 4-92 所示的各个地区各个产品的数据，要分析各个产品在各个地区的销售分布，如果选择所有的数据绘制柱形图，就显得非常乱了，如图 4-93 所示。这才是 4 个产品，如果有数十个产品呢？如果还是将所有产品绘制在一幅图上，估计图表就像一个调色板了。

图4-92 各个地区各个产品的销售数据　　图4-93 所有产品数据画在一幅图上，显得很乱

我们可以制作一个选择产品的控制器（例如使用数据验证的下拉菜单），来快速选择要查看的产品，然后绘制该产品的各个地区销售分布，效果如图 4-94 所示。

图4-94 分析指定产品的动态图表

这个动态图表做起来并不难，是通过一个辅助区域来完成的。

单元格 I2 是通过数据验证制作的下拉菜单，可以快速选择要分析的产品。

辅助区域是单元格区域 H4:I11，图表是用这个区域数据绘制的，如图 4-95 所示。

其中单元格 I5 的查找公式如下：

`=VLOOKUP(H5,$B$3:$F$9,MATCH($I$2,$B$2:$F$2,0),0)`

在这个公式中，MATCH 函数的作用至关重要，正是因为它，才能够自动定位出指定产品的位置，查询出该产品的数据，从而使图表自动变化。

图4-95　H列和I列的辅助区域，通过VLOOKUP函数和MATCH函数联合查找数据

4.8.8　INDEX 函数：按图索骥

当在一个数据区域中，给定了行号和列标，也就是准备把该数据区域中指定列和指定行的交叉单元格数据取出来，就可以使用 INDEX 函数。

INDEX 函数有两种使用方法：查询区域是一个；查询区域是多个。在实际工作中，常用的是从一个区域中查找数据，此时，函数的用法如下：

=INDEX（取数的区域，指定行号，指定列标）

例如，公式"=INDEX(C2:H9,5,3)"就是从单元格区域 C2:H9 的第 5 行、第 3 列交叉的单元格取数，也就是单元格 E6 的数据，如图 4-96 所示。

图4-96　获取单元格区域C2:H9中，第5行、第3列交叉的单元格E6的数据

公式"=INDEX(A:A,6)"就是从 A 列里取出第 6 行的数据，也就是单元格 A6 的数据，这里省略了列标，因为数据区域就一列，如图 4-97 所示。

图4-97　从A列的第6行的单元格A6取数

公式"=INDEX(2:2,,6)"就是从第 2 行里取出第 6 列的数据，也就是单元格 F2 的数据，这里省略了行号，因为数据区域就一行，如图 4-98 所示。

图4-98　从第2行的第6列的单元格F2取数

也可以从一个常量数组中取数，比如下面的公式就是从数组 {"B","D","A","M","P"} 中取出第 2 个数据，结果是字母 D：

```
=INDEX({"B","D","A","M","P"},2)
```

4.8.9　INDEX 函数：与 MATCH 函数联合使用，查找数据更加灵活

使用 INDEX 函数查找数据的先决条件必须先知道取数的位置（行号和列标），而这个位置可以使用 MATCH 函数来决定。

案例 4-34

图 4-99 所示是从 K3 中导入的产品成本数据，现在要制作一个动态的成本分析报告，可以查看任意产品的成本构成，如图 4-100 所示。

图4-99　系统导入的产品成本数据

图4-100　产品成本结构动态分析图表

140

仔细查看源数据的特征，可以发现，这个问题是无法使用 VLOOKUP 函数解决的，因为每个产品的 5 个成本数据（直接材料、直接人工、制造费用、模具费用、总费用）中，只有直接材料左边的 E 列有产品名称，其他 4 个费用左边的 E 列都是空的。

由于每个产品都有 5 个成本数据，并且排列是一致的，因此不妨使用 MATCH 函数定位指定产品的行号，该行号对应的成本项目就是直接材料，往下移 1 行就是直接人工，往下移 2 行就是制造费用，往下移 3 行就是模具费用，往下移 4 行就是总成本。

这样，先用 MATCH 在 E 列定位指定产品的位置，再用 INDEX 在 J 列分别取出 5 个成本数据，就得到了指定产品的各个成本项目数据。

各个单元格的查询公式如下：

◎ 单元格 C5：
=INDEX(源数据!J:J,MATCH($C$2,源数据!$E:$E,0))

◎ 单元格 C6：
=INDEX(源数据!J:J,MATCH($C$2,源数据!$E:$E,0)+1)

◎ 单元格 C7：
=INDEX(源数据!J:J,MATCH($C$2,源数据!$E:$E,0)+2)

◎ 单元格 C8：
=INDEX(源数据!J:J,MATCH($C$2,源数据!$E:$E,0)+3)

◎ 单元格 C9：
=INDEX(源数据!J:J,MATCH($C$2,源数据!$E:$E,0)+4)

4.8.10 INDEX 函数：与控件联合使用制作动态图表

在大多数情况下，我们需要使用表单控件来制作动态图表。表单控件又称为窗体控件，包括单选按钮、复选框、组合框、列表框、数值调节按钮、滚动条等。

扫码看视频

1. 表单控件在哪里

要使用这些表单控件，需要单击"开发工具"功能组中单击"控件"选项卡，在"插入"按钮，就会展开"表单控件"列表，如图 4-101 所示。

插入表单控件的方法是：单击某个表单控件，然后在工作表的某个位置按住鼠标左键拖动，就将该表单控件插入到了表中，如图 4-102 所示。

图4-101　表单控件　　　　图4-102　插入控件

插入表单控件后，至少要做以下两项工作。

一是将默认的控件标题修改为指定的文字（有些控件是要修改标题的，如单选按钮、复选框、标签、分组框，有些控件则不需要修改标题，如组合框、滚动条、数值调节按钮）。

二是要设置控件的控制属性，以便能够使用控件。

141

修改表单控件标题文字的方法是，右击控件，执行快捷菜单中的"编辑文字"命令，将光标移到控件标题文字中，再进行修改即可（此时控件出现 8 个小圆圈，处于编辑状态）。

2. 如何显示"开发工具"选项卡

在默认情况下，Excel 功能区中是不显示"开发工具"选项卡的，因此需要把"开发工具"选项卡显示在功能区中，方法如下。

在功能区任意按钮位置单击鼠标右键，执行快捷菜单中的"自定义功能区"命令（如图 4-103 所示），打开"Excel 选项"对话框，勾选"开发工具"复选框，如图 4-104 所示。

图4-103　执行"自定义功能区"命令　　　　图4-104　勾选"开发工具"复选框

3. 利用表单控件制作动态图表

> 案例4-35

图 4-105 所示是一张利用组合框来控制图表显示的动态图表，只要从组合框中显示不同的产品，图表就显示该产品的数据。

图4-105　利用控件制作的动态图表

这个图表的主要制作步骤如下。

步骤01　在工作表的任一位置插入一个组合框。

步骤02　将产品名称复制转置到某列中，这里是单元格区域J3:J6，因为要使用组合框来选择产品，而组合框的项目必须是工作表上的列数据。

142

步骤 03 右击组合框，执行快捷菜单中的"设置控件格式"命令（如图 4-106 所示），打开"设置控件格式"对话框，切换到"控制"选项卡，在"数据源区域"文本框中输入单元格区域 $J$3:$J$6，在"单元格链接"文本框中输入单元格 $J$2，如图 4-107 所示。设置完毕后，单击"确定"按钮。

图4-106 "设置控件格式"命令　　图4-107 设置控件的控制属性

单击某个单元格，使组合框上的 8 个小圆圈消失，退出编辑状态，然后就可以从组合框中选择产品了。

当选择某个产品后，单元格 J2 就出现了一个数字，该数字就是选择产品的位置号，如图 4-108 所示。此时，组合框就相当于 MATCH 函数，组合框的结果就是指定产品的位置。

步骤 04 设计辅助区域 L2:M9，准备利用单元格 J2 的序号来查找选定产品的数据，如图 4-109 所示。单元格 M3 的公式为：

```
=INDEX(B3:F3,,$J$2)
```

图4-108 从组合框选择某个产品，单元格　　图4-109 设计辅助区域，查找指定产品的数据
　　　　　J2出现该产品的位置号

此时的参数设置如图 4-110 所示。

图4-110 设计公式，查找数据

步骤 05 用单元格区域 L2:M9 绘制图表，并简单美化。

步骤 06 将图表移动到适当的位置。

143

步骤 07 将控件移动到图表上的适当位置。方法是右击控件，使其出现8个小圆圈，变为编辑状态，再用鼠标按住它进行拖动。

这样，动态图表就制作完毕了。

利用组合框制作动态图表的核心是使用 INDEX 函数，因为组合框的返回值就是所选产品的位置号数字，而 INDEX 就是根据指定位置抓取数据的，两者紧密配合。

> **思路拓展：**
>
> 这个案例，我们也可以使用VLOOKUP函数设计查找公式（如图4-111所示），不过这个公式要比INDEX函数公式繁琐些：
>
> =VLOOKUP(L3,$B$2:$F$9,$J$2+1,0)
>
> 请思考，为什么要在J2单元格数字上加1？

图4-111　利用VLOOKUP函数查找数据

4.9 检查公式

当公式制作完毕后，如果要检查公式的计算过程，或者查看公式某部分的计算结果，可以采用下面的两种方法。

（1）用F9键查看公式的计算结果。

（2）用公式求值来检查公式。

4.9.1 用 F9 键查看公式的计算结果

如果要查看公式中的某部分表达式计算结果，如图 4-112 所示。以便于检查公式各个部分计算结果的正确性，则可以利用编辑栏的计算器功能和 F9 键，具体方法如下。

（1）先在公式编辑栏或者单元格内选择公式中的某部分表达式，如图 4-113 所示。

（2）然后按 F9 键查看其计算结果，如图 4-114 所示。

（3）检查计算结果完毕后不要按 Enter 键，否则就会将表达式替换为计算结果数值，而是按 Esc 键放弃计算，恢复公式。

图 4-112~图 4-114 就是图示步骤。

图4-112　单元格显示的是公式的最终结果

图4-113　在公式编辑栏选择要查看计算结果的某部分表达式

图4-114　按F9键，显示该表达式的计算结果

4.9.2　用公式求值来检查公式

当制作了一个比较复杂的公式，希望按照公式的计算次序，来检查公式每一部分的计算结果，则可以使用"公式求值"工具，具体步骤如下。

步骤01　单击"公式"→"公式审核"→"公式求值"按钮，如图 4-115 所示。

步骤02　打开"公式求值"对话框，单击"求值"按钮，就会看到每一步的计算结果，如图 4-116 所示。

扫码看视频

图4-115　"公式求值"命令按钮

图4-116　用公式求值来检查公式

4.10　公式返回的错误信息

我们可能会遇到这样的情况：明明公式的语法正确，却得不到正确的计算结果。一般情况下，Excel 会依情况显示不同的错误值来提醒用户进行修改。

4.10.1　错误提示

Excel 提供了单元格公式错误信息的标志。当单元格的公式出现错误时，就会在该单元格的左上角出现一个小三角符号，如图 4-117 所示。当单击该单元格时，在该单元格旁边就会出现错误提示符号，单击此符号，就会弹出该错误的一些提示，如图 4-118 所示。

145

图4-117　错误信息提示　　　　图4-118　错误提示选项

4.10.2　错误信息

Excel的错误信息返回值（见表4-2）。我们可以根据Excel的错误信息返回值，来判断错误的原因。

表4-2　Excel的常见错误信息

错　误　值	错　误　原　因
#DIV/0!	公式的除数为零
#N/A	查找函数找不到数据
#NAME?	不能识别的名字
#NUM!	在函数中使用了不能接受的参数
#REF!	公式中引用了无效的单元格
#VAULE!	参数类型有错误

4.11　复制和移动公式的操作技能技巧

复制公式是Excel的频繁操作之一，很简单，但也有很多问题需要注意。下面介绍复制和移动公式的几个常用技能技巧。

4.11.1　复制公式的基本方法

复制公式的基本方法是在一个单元格输入公式后，将光标对准该单元格右下角的黑色小方块，按住左键不放，然后向下、向右、向上或者向左拖曳鼠标，从而完成其他单元格相应计算公式的输入工作。

但要注意，如果要复制公式，一定要注意单元格引用的合理设置，谁绝对引用、谁相对引用，万万不可大意。

经常见到这样的情况，第1个单元格公式设置好了，也出结果了，结果一复制公式，第2个单元格就出现了错误，这就是没有设置好绝对引用和相对引用的结果。

4.11.2　复制公式的快捷方法

除了上面介绍的通过拖动单元格右下角的黑色小方块来复制公式外，还可以采用一些小技巧来实现公式的快速复制。例如双击法、快速复制法等。

1. 双击法

当在某单元格输入公式后，如果要将该单元格的公式向下填充复制，一般的方法是向下拖拉鼠标。但有一个更快的方法：双击单元格右下角的黑色小方块，就可以迅速得到复制的公式。

不过，这种方法只能快速向下复制公式，无法向上、向左或向右快速复制公式。而且这种方法也不适用于中间有空行的场合：如果中间有空行，复制公式就会停止在空行处。

2. 快速复制法

如果要复制公式的单元格区域很大，例如有很多行和很多列，采用上述拖曳鼠标的方法就比较笨拙了。可以在单元格区域的第 1 个单元格输入公式，然后再选取包括第 1 个单元格在内的要输入公式的全部单元格区域，按 F2 键，然后再按 Ctrl+Enter 组合键，就可迅速得到所有的计算公式。

4.11.3 移动公式的基本方法

移动公式就是将某个单元格的计算公式移动到其他单元格中，基本方法是选择要移动公式的单元格区域，按 Ctrl+X 组合键，再选取目标单元格区域的第一个单元格，按 Ctrl+V 组合键。

需要注意的是，这种方法只能移动连续单元格区域，不能操作不连续单元格区域。

4.11.4 移动公式的快捷方法

如果觉得按 Ctrl+X 组合键和 Ctrl+V 组合键太麻烦，可以采用下面的快速方法：选择要移动公式的单元格区域，将鼠标指针选定在区域的边框上，按住左键，拖动鼠标到目的单元格区域的左上角单元格。

不过，这种方法只能移动连续单元格区域，不能操作不连续单元格区域。

4.11.5 移动复制公式本身或公式的一部分

在一般情况下，复制公式时会引起公式中对单元格引用的相对变化，除非采用的是绝对引用。

但是，有时候却希望将单元格的公式本身复制到其他的单元格区域，不改变公式中单元格的引用。此时，就需要采用特殊的方法了，将公式作为文本进行复制，基本方法和步骤如下。

步骤 01 选择要复制公式本身的单元格。

步骤 02 在编辑栏中选择整个公式文本，按 Ctrl+C 组合键，将选取的公式文本复制到剪切板。

步骤 03 双击目标单元格，再按 Ctrl+V 组合键。

另外一个复制公式本身的方法是先将单元格公式前面的等号删除，然后再将该单元格复制到其他单元格，最后再将这个单元格的公式字符串前面加上等号。

利用上述介绍的方法，还可以复制公式文本的一部分，只要在单元格内或者公式编辑栏中选取公式的一部分，然后再进行复制粘贴就可以了。

4.11.6 将公式转换为值

当利用公式将数据进行计算和处理后，如果公式结果不再变化，可以将公式转换为值，这样可以防止一不小心把公式的引用数据删除而造成公式的错误，也可以提升工作簿的计算速度。

将整个公式的值转换为不变的数据，可以采用选择性粘贴的方法，相信这个方法读者都会使用。

4.12 公式的其他操作技巧

4.12.1 将公式分行输入，以便使公式更加容易理解和查看

当输入的公式非常复杂又很长时，希望能够将公式分成几部分并分行显示，以便于查看公式。Excel 允许将公式分行输入，这种处理并不影响公式的计算结果。

要将公式分行输入，应在需要分行处按 Alt+Enter 组合键进行强制分行，当所有部分输入完毕后再按 Enter 键。图 4-119 所示就是将公式分行输入后的情形。

图4-119　将公式各个部分分行输入

4.12.2 在公式表达式中插入空格

Excel 允许在运算符和表达式之间添加空格，但是不能在函数名的字母之间及函数名与函数的括号之间插入空格。插入空格后的公式查看起来更加清楚，便于对公式进行分析和编辑。图 4-120 所示就是在公式的表达式和运算符之间插入空格后的情形。

图4-120　在公式的表达式和运算符之间插入空格

4.12.3 快速改变函数公式中的单元格引用

如果想把函数公式中引用的某个单元格或者某个单元格区域换成其他的单元格或者单元格区域，可以使用鼠标拖拉的方法快速转换。方法是：在单元格或公式编辑栏里单击公式，就显示出公式引用的单元格或单元格区域，然后光标对准某个引用单元格或单元格区域的边框，当光标出现上下左右 4 个小箭头时，按住左键不放，将该单元格或单元格区域的引用拖放到另外的单元格或单元格区域中。

如果对准单元格的 4 个角，按住鼠标左键拖动，可以将引用的单元格区域扩大或缩小。

4.12.4　公式字符长度的限制

对于 Excel 来说，输入到单元格的公式字符长度不能超过 8192 个。如果超过这个限制，就需要将公式分解成几个公式，或者利用 VBA 编制自定义函数。

4.12.5　公式和函数中的字母不区分大小写

在公式中，大写字母和小写字母都是一样的。

当输入函数时，既可以输入小写字母，比如 sum，也可以输入大写字母，比如 SUM。当在公式中输入字母常量时，大小写都是可以的，例如，下面的两个公式是一样的：

```
=VLOOKUP("MA",A:C,3,0)
=VLOOKUP("ma",A:C,3,0)
```

如果要严格区分字母的大小写，那么就需要使用函数来匹配了。

但是，某些函数对大小写是敏感的，例如 FIND 函数，因此要特别注意。例如，公式 "=FIND("a","Cash Flow")" 的结果是 2，因为小写字母 a 在第 2 个。但是，公式 "=FIND("A","Cash Flow")" 的结果是错误值 #VALUE!，因为找不到大写字母 "A"。

4.12.6　公式和函数中的标点符号都必须是半角字符

不论是在公式中直接输入，还是在函数里作为参数，当用到单引号、双引号、逗号、冒号等标点符号时，都必须是英文半角字符，不能是汉字状态下的全角字符。这点在输入公式时要特别注意，尽管有时候输入了全角字符，Excel 能够自动转换为半角字符，但大多数情况是会出现错误的。

4.13　隐藏、显示和保护公式

在输入完毕所有的公式并检查无误后，一个重要的工作就是要将这些公式保护起来，以免不小心损坏。此外，也可能要查看各个单元格的公式，或者希望将计算公式隐藏起来，以免被别人看到。本节就介绍隐藏、显示和保护公式的基本方法与技巧。

4.13.1　显示公式计算结果和显示公式表达式

按 Ctrl+` 组合键可以在显示计算结果和显示公式之间进行切换。按一次 Ctrl+` 组合键，会显示公式，再次按该组合键，则会显示计算结果。

如果要在公式的旁边一列显示左边单元格的公式字符串，在 Excel 2016 版中，可以使用 FORMULATEXT 函数，其功能就是把单元格公式字符串显示出来（不计算），如图 4-121 所示。

图4-121　利用FORMULATEXT显示公式字符串

4.13.2　真正地隐藏公式

所谓真正隐藏公式，就是在单元格里看不到公式，在公式编辑栏里也看不到公式。要达到这样的目的，需要先在公式所在"设置单元格格式"对话框的"保护"选项中勾选"隐藏"复选框，如图4-122所示，然后再对工作表实施保护。至于如何保护公式，下面将详细介绍其操作步骤。

图4-122　准备隐藏公式

4.13.3　保护公式

当将工作表的一些单元格输入好计算公式后，要注意将公式保护起来（其他没有公式的单元格不进行保护）；如果需要保密的话，还可以将公式隐藏起来，使任何人看不见单元格的公式。

保护并隐藏公式的具体步骤如下。

步骤01　选择数据区域。打开"设置单元格格式"对话框，在"保护"选项卡中取消选择"锁定"复选框，如图4-123所示。

这一步的操作是为了解除数据区域全部单元格的锁定；否则，当保护工作表后就会保护工作表的全部单元格。

步骤02　利用"定位条件"对话框选择要保护的有计算公式的单元格区域，即在此对话框中选择"公式"单选按钮，如图4-124所示。

图4-123　取消勾选"锁定"复选框　　　图4-124　选择"公式"单选按钮

步骤 03 再次打开"设置单元格格式"对话框,在"保护"选项卡中,勾选"锁定"复选框。如果要隐藏计算公式,则需要勾选"隐藏"复选框,如图4-125所示。

步骤 04 在"审阅"选项卡中,单击"保护工作表"按钮,打开"保护工作表"对话框,设置保护密码,并进行有关设置,如图4-126所示。

图4-125 再次勾选"锁定"(以及/或勾选"隐藏")复选框　　图4-126 保护工作表

这样,就将含有计算公式的所有单元格进行了保护,并且也隐藏了计算公式,任何用户无法操作这些单元格,也看不见这些单元格的计算公式,但其他的单元格还是可以进行正常操作的。

第 5 章
数据透视表入门与基本运用

数据透视表是 Excel 的一个集成化的高效数据分析工具，用来对表单数据进行快速分类汇总计算，以及对海量的数据进行多维度分析，可以迅速得到需要的分析报表。

数据透视表的使用，不像函数那样令人头痛，只需熟练操作就可以了。正因为此，很多人对数据透视表非常喜爱。随着 Excel 版本的不断升级，数据透视表的功能越来越完善，操作起来也越来越方便。

本章将对数据透视表的基本制作方法和主要数据分析技能做个基本的介绍。

5.1 制作数据透视表的准备工作

不是随便一张表格就可以制作数据透视表的，因为数据透视表的核心是数据库，也就是说，基础数据必须标准化、规范化，这在本书的第 1 章、第 2 章和第 3 章都已经详细介绍过了。因此，在制作数据透视表之前，首先检查基础数据是否满足这样的要求。

5.1.1 表格结构是否规范

首先看表格结构。是否有合并单元格？是否有空行？是否有多行标题、多列标题？是否有小计行和总计行？是否有几种类型数据保存在一个单元格的情形？等等，如果有，先整理再说。

5.1.2 表格数据是否规范

再看表格里的数据。是否有非法日期？是否有文本型数字表示的数量和金额？是否有特殊字符？是否有不必要的空格？是否有不规范的表达方式？单元格里是否有换行符？等等，如果有，请先整理再说。

关于数据的整理，第 3 章已经做了详细的介绍，请回看该章的内容。

当基础数据整理好后，就可以创建数据透视表，对数据进行快速汇总和分析了。

5.2 制作数据透视表的基本方法

创建数据透视表的方法要依据数据源的不同，而采用不同的方法和技能。本节主要介绍是对一张表格数据进行透视分析的基本方法。

5.2.1 基于固定不变的数据区域制作数据透视表

如果要制作的数据表是一个行列固定不变的数据区域，那么制作透视表是非常简单的，只需单击"插入"→"数据透视表"按钮即可，如图5-1所示。

图5-1 "数据透视表"按钮

下面以一个实际数据分析的例子，来说明数据透视表的制作步骤和技巧。

案例5-1

图5-2所示是一个各家店铺5月份4大品牌手机销售数据，现在要求统计每家店铺、每个品牌手机的销量合计和金额合计。

图5-2 店铺销售月报数据

创建数据透视表的基本步骤如下。

步骤01 单击数据区域的任一单元格。

注意：不要选择整列！尽管这种做法不影响基本汇总计算，但是会带来很多麻烦。比如，汇总字段会不是求和而是计数，不得不手工再设置为求和；字段会出现"空白"项目，很难看；当数据量大时，这种透视计算是非常慢的。

养成好习惯！单击数据区域的任一单元格就行了。Excel比读者想象的要智能得多，它会自动选择数据区域。

步骤02 单击"插入"→"数据透视表"按钮，打开"创建数据透视表"对话框，如图5-3所示。从中可以看到，Excel自动选择了整个数据区域。

注意：如果数据表中有空行，那么就会选到空行位置，不再往下选择数据区域了。这就是要删除空行的原因。

步骤03 选中"新工作表"单选按钮。

注意：数据透视表是汇总分析报告，而制作数据透视表的表格是基础数据表，一般

153

情况下，这两个表不要放在一张表上，因此要选择"新工作表"。

步骤 04 单击"确定"按钮，就自动插入了一个新工作表，并创建数据透视表，如图 5-4 所示。

图5-3　"创建数据透视表"对话框　　　　图5-4　创建的数据透视表

5.2.2　基于动态变化的数据区域制作数据透视表

如果要制作数据透视表的原始数据区域是变化的，也就是说，以后可能会增加或减少数据，那么就需要从根本上解决数据增加或减少后，数据透视表数据源的自动调整问题。解决这个问题的方法有很多种，例如，使用智能表格、使用现有连接工具、使用普通的 Query 工具、使用动态名称，使用 Power Query 工具，其中最高效的方法是使用 OFFSET 函数定义动态名称。然后以这个动态名称制作数据透视表。主要方法和步骤如下。

步骤 01 首先定义一个动态名称 Data，其引用公式如下（这里假设数据区域是从 A1 单元格开始保存的）：

`=OFFSET($A$1,,,COUNTA($A:$A),COUNTA($1:$1))`

定义名称的方法是：单击"公式"→"定义名称"按钮（如图 5-5 所示），打开"新建名称"对话框，在"名称"文本框中输入 Data，在"引用位置"文本框中输入，如图 5-6 所示公式，然后单击"确定"按钮即可。

注意，这个名称公式仅仅适用于数据从工作表的 A1 单元格开始保存，表格数据区域之外没有垃圾数据。也就是说，这个工作表是一张干干净净的基础表单。

图5-5　"定义名称"按钮　　　　图5-6　定义名称Data

步骤 02 选中任一空白单元格，单击"插入"→"数据透视表"按钮，打开"创建数据透视表"对话框，选中"选择一个表或区域"单选按钮，在其下方的"表/区域"

文本框中输入刚才定义的名称 Data，如图 5-7 所示。

图5-7　使用动态名称创建数据透视表

步骤 03 单击"确定"按钮，就完成了以动态名称制作的数据透视表。

案例5-2

如图 5-8 所示的模拟数据，目前只有 6 行 5 列。考虑到数据的增减问题，定义一张动态名称 Data（公式如上）并以此动态名称制作数据透视表，进行布局，得到按日汇总报表，如图 5-9 所示。

图5-8　原始数据区域，只有6行5列数据　　图5-9　以原始的6行5列数据制作的透视表

过了几天，数据发生了变化，增加了 4 行，同时又增加了"毛利"一列，如图 5-10 所示。在数据透视表中单击鼠标右键，在弹出的快捷菜单中选择"刷新"命令，如图 5-11 所示。

图5-10　数据的行和列都增加了数据　　图5-11　选择"刷新"命令

数据透视表就更新为如图 5-12 所示的情形。

第 5 章　数据透视表入门与基本运用

155

图5-12 刷新数据透视表，数据更新为最新的状态

注意，在右侧的"数据透视表字段"窗格里，出现了一个新的字段"毛利"，将该字段拖放到数据透视表中，就得到了如图 5-13 所示的报表。

图5-13 汇总销售额和毛利

5.3 数据透视表的结构与术语

数据透视表背后是数据库的概念，数据库中又有字段和项目两个概念，那么，数据透视表与普通的报表有什么不同和联系？什么是字段？什么是项目？

5.3.1 "数据透视表字段"窗格

当创建数据透视表后，会在工作表的右侧出现一个"数据透视表字段"窗格，如图 5-14 所示。在默认情况下，这个窗格分为 5 部分，分别是字段列表、筛选、行、列、值。也可以重新布局这个窗格，方法是：单击 下拉按钮，在弹出的下拉列表中选择某种窗格布局方式，如图 5-15 所示。新的窗格布局如图 5-16 所示。

图5-14 "数据透视表字段"窗格　　图5-15 重新布局窗格结构　　图5-16 新的窗格布局

- "数据透视表字段"窗格各部分的功能说明如下。
- 字段列表：列示数据源中所有的字段名称，也就是数据区域的列标题。如果用户定义了计算字段，也出现在此列表中。
- 筛选：俗称页字段，用于对整个透视表进行筛选。
- 列：又称列字段，用于在列方向布局字段的项目，也就是制作报表的列标题。
- 行：又称行字段，用于在行方向布局字段的项目，也就是制作报表的行标题。
- 值：又称值字段，用于汇总计算指定的字段。默认情况下，如果是数值型字段，汇总计算方式是求和；如果是文本型字段，汇总计算方式是计数。

5.3.2 "数据透视表字段"窗格与普通报表的对应关系

"数据透视表字段"窗格各部分与普通报表的对应关系如图5-17所示。

图5-17 数据透视表字段窗格与普通报表的对应关系

5.3.3 字段、项目和记录

字段是指原始数据表中的列数据，每列是一个字段，每个字段保存同一种类型的数据。凡是字段，不论是原始字段还是自定义字段，都会出现在数据透视表的字段列表中。

项目是字段下的成员，它会重复地保存在某列的各个单元格中。例如一个字段叫"性别"，它下面就有两个项目："男"和"女"。

记录就是数据表中的行数据，一行就是一个记录。

5.4 布局数据透视表

创建数据透视表是万里长征第一步。创建数据透视表的目的，是要制作需要的汇总分析报表，这就需要学会布局数据透视表，所谓谋篇布局是也。

很多人会创建数据透视表，也会拖放字段，但拖来拖去的，最后得到的报表连自己都不知道要表达什么了。

数据透视表的核心是布局，但是如何布局？什么字段放到什么位置？如何快速进行布局？这些问题必须想明白。

5.4.1 布局数据透视表的基本方法

布局数据透视表的基本方法，是在字段列表中使用鼠标按住某个字段，将其拖放到某个小窗格中如图5-18所示，就是案例5-1创建的数据透视表的基本布局。

图5-18　拖放字段进行布局

5.4.2　布局数据透视表的快速方法

可以在字段列表中直接勾选某个字段，进行快速布局。

◎ 如果是文本型字段，会自动跑到"行"栏中。

◎ 如果是数值型字段，会自动跑到"值"栏中。

但无论是什么字段，勾选后都不会跑到"列"栏内。如果想在"列"栏中布局字段，只有一个办法，那就是"拖"。

5.4.3　存在大量字段时如何快速找出某个字段

如果数据表有大量的字段，从数据透视表字段列表中滚动查找某个字段是非常不方便的。此时可以利用数据透视表的"搜索"功能，即在"搜索"栏中输入字段名称或关键词，就会出现该字段，如图5-19所示。接下来，将该字段拖放到指定区域即可。

图5-19　搜索字段名称或关键字，快速选择字段

5.4.4　直接套用常见的数据透视表布局

如果已经创建了数据透视表，觉得布局起来比较麻烦，可以直接套用 Excel 给出的常见报表结构。单击"分析"→"推荐的数据透视表"，按钮如图5-20所示，打开"推荐的数据透视表"对话框，选择某种满足要求的报表样式即可，如图5-21所示。

图5-20　"推荐的数据透视表"按钮　　图5-21　"推荐的数据透视表"报表样式

5.5 数据透视表美化的主要方法

制作的基本数据透视表，无论是外观样式，还是内部结构，都是比较难看的。因此需要进一步设计和美化，包括设计报表样式、设置报表显示方式、设置字段、合并单元格、修改名称、项目排序等。

5.5.1 设计透视表的样式

制作的基本数据透视表，样式是非常难看的，如图 5-22 所示。这样的报表最好不要拿给领导看，因为领导会说："这个表怎么这么难看，能完善一下吗？"你说："领导啊，你不懂，透视表就是这个样子。"

图5-22 基本的数据透视表，样子很难看

完善的第一步是设置数据透视表的样式，从数据透视表样式集中选择一个样式即可。数据透视表样式集位于"数据透视表工具"下的"设计"选项卡中，如图 5-23 所示。

图5-23 数据透视表样式集

可以从样式集中选择一个喜欢的样式。不过一般情况下，这些样式都不怎么美观，尤其是要把汇总报告粘贴到 PPT 上，这样的报表样式就更难看了。此时,可以清除样式，或者自己设计个性化的样式，如图 5-24 所示。

图5-24 清除或新建数据透视表样式

图 5-25 所示就是清除数据透视表样式后的报表，看起来是不是干净清晰多了？

159

图5-25　清除数据透视表样式后的报表

5.5.2　设计报表布局

读者是否发现了这样一个问题：上述报表的列标题和行标题是诸如"列标签""行标签"这样的字样，如果在行区域内放置两个以上字段时，这几个字段并没有分列保存，而是被保存到了一列中，但呈现树状结构的布局，如图5-26所示。这是怎么回事呢？

其实，这并不奇怪，因为这是默认的数据透视表布局结构：压缩形式。由于是压缩形式显示的报表，所有字段被压缩到了一列或一行内，数据透视表也就无法给定一个明确的行标题或者列标题了，所以就叫"行标签""列标签"。

数据透视表的布局有以下三种情况：

◎ 以压缩形式显示。
◎ 以大纲形式显示。
◎ 以表格形式显示。

设置报表布局是通过在"设计"选项卡中单击"报表布局"下拉按钮，在弹出的下拉列表中选择相应的命令完成的，如图5-27所示。

图5-26　行区域内有多个字段时，这些字段数据都被保存到了一列内

图5-27　设置数据透视表的报表布局

1. 以压缩形式显示

在默认情况下，数据透视表的布局方式是压缩形式，即如果有多个行字段，就会被压缩在一列里显示，此时最明显的标志就是行字段和列字段并不是真正的字段名称，而

是默认的"行标签""列标签"。这种压缩布局方式,在列字段较少(比如仅仅两个字段)的情况下是很直观的,因为它是通过一种树状结构来显示各层的关系;如果列字段较多,这种布局显得非常乱。

2. 以大纲形式显示

以大纲形式显示的报表,会将多个列字段分成几列显示,同时其字段名称不再是默认的"列标签"和"行标签",而是具体的字段名称,但每个字段的分类汇总(也就是常说的小计)会显示在该字段的顶部,如图 5-28 所示。

3. 以表格形式显示

以表格形式显示的报表,就是经典的数据透视表格式,会将多个列字段分成几列显示,同时字段名称不再是默认的"列标签"和"行标签",而是具体的字段名称,但每个字段的分类汇总(也就是常说的小计)会显示在字段的底部,如图 5-29 所示。

图5-28 以大纲形式显示的报表   图5-29 以表格形式显示的报表

5.5.3 修改字段名称

当把数据透视表的报表布局设置为"以大纲形式显示"或者"以表格形式显示"后,所有的行字段和列字段名称都恢复了默认的名字,但是值字段的名称会是诸如"计数项:***""求和项:***"这样的名字,非常难看,需要进行修改。

修改字段名称的方法很简单:在单元格中直接修改即可。

但需要注意的是,修改后的新名称不能与原有字段名称重名。如果非要使用原来的字段名称,不妨把"求和项:"或"计数项:"替换为一个空格,这样外表上看起来似乎还是原来的字段名称,其实每个字段名称前已经有了一个空格,这样修改后的名称就与原名称不一样了。

如图 5-30 所示是修改值字段名称后的效果。   图5-30 修改值字段名称后的透视表

5.5.4　显示/隐藏字段的分类汇总

不论是行字段还是列字段，默认情况下，都会有分类汇总，也就是我们常说的小计。在很多情况下，这样的小计行或者小计列会使报表看起来非常乱，如上面的报表。此时，我们可以设置为不显示这样的分类汇总。

如果仅仅是不显示某个字段的分类汇总，例如不显示品牌的分类汇总，就在字段"品牌"下单击鼠标右键，执行快捷菜单中的"分类汇总"品牌""命令，即可取消该字段的分类汇总，如图 5-31 所示。

如果再次想显示出分类汇总，就在该字段下单击鼠标右键，执行快捷菜单中的"分类汇总""品牌""命令，如图 5-32 所示。

图5-31　准备取消分类汇总　　　　图5-32　准备再显示分类汇总

如果要取消或显示所有字段的分类汇总，就不用这样一个字段一个字段地设置了，除非你不觉得麻烦。此时，可以在"设计"选项卡中单击"分类汇总"下拉按钮，在弹出的下拉列表中选择显示或不显示的命令即可，如图 5-33 所示。

如图 5-34 所示就是取消所有字段的分类汇总后的报表。

图5-33　取消或者显示所有字段的分类汇总　　图5-34　取消所有字段的分类汇总后的报表

5.5.5　合并标签单元格

例如上面的报表中，你是不是特别想把店铺名称所在的单元格合并起来？没问题，可以满足你。

但是，不能使用普通的方法合并单元格，即就是选择单元格区域，单击功能区的"合并后居中"按钮；再者，这么多大小不一的单元格区域都要合并，难道要一个一个地进行合并？

在数据透视表中，可以通过设置数据透视表选项的方法来合并单元格，方法是：在透视表中单击鼠标右键，执行快捷菜单中的"数据透视表选项"命令，如图5-35所示。打开"数据透视表选项"对话框，勾选"合并且居中排列带标签的单元格"复选框，如图5-36所示。

图5-35　"数据透视表选项"命令　　　图5-36　"数据透视表选项"对话框

合并标签单元格后的报表如图5-37所示。

如图5-38所示，将字段重新调整布局后，合并单元格是不是让报表看得更清楚了？

图5-37　合并标签单元格后的报表　　　图5-38　合并标签单元格后的重新布局

5.5.6　不显示"折叠/展开"按钮

如果有多个行字段和列字段，外层字段项目的左侧会有默认的"折叠/展开"按钮 ，单击这个按钮，可以很方便地折叠或展开某个项目下的明细。但在大多数情况下，这个按钮的存在，会让报表看着不舒服，不妨将其取消，方法很简单，单击"设计"选项卡下的"+/- 按钮"按钮即可，如图5-39所示。

图5-40所示就是不显示"折叠/展开"按钮后的报表，是不是干净多了？

图5-39　显示或隐藏字段项目的"折叠/展开"按钮

图5-40　不显示"折叠/展开"按钮后的报表

5.5.7　对行字段和列字段的项目进行手动排序

默认情况下，字段的项目都是按照常规次序排序的，这样的次序在大多数情况下并不能满足我们的需求。

案例5-3

图5-41所示是两个分公司各月的管理费用，利用多重合并计算数据区域透视表（后面将进行介绍），对其进行了汇总分析，如图5-42所示。

图5-41　两个分公司的管理费用汇总表　　　　图5-42　两个分公司的费用汇总表

但是，在这个透视表中，月份字段下的10月、11月、12月被排到了1月的前面，这样是不合理的。此外，费用项目的次序也是按照拼音排序的。

如果要调整次序的项目不多，可以使用手工方法来调整次序，方法是选择某个项目单元格（或者某几个连续项目单元格区域），把光标对准单元格的边框中间，出现上下左右4个小箭头后，按住左键不放，将该单元格（或单元格区域）拖放到指定的位置。用手工的办法调整月份次序和费用项目次序后的效果如图5-43所示。

图5-43　手工调整项目的位置

5.5.8 对行字段和列字段的项目进行自定义排序

如果字段下的项目很多，手工调整项目的次序是比较麻烦的，此时可以使用自定义排序的方法来进行。方法是：先定义一个自定义序列，然后进行自定义排序。

案例5-4

图 5-44 所示就是一个例子，利用多重合并计算数据区域透视表把两年的费用汇总分析，在得到的透视表中，费用项目的次序已经不是原来的规定次序了，由于项目比较多，而且企业经常要做这样的统计分析，因此最好的办法是进行自定义排序。

图5-44　透视表中费用项目的次序混乱

步骤01 先定义一个自定义序列，方法如下。
（1）打开"Excel 选项"对话框。
（2）切换到"高级"选项卡，找到"编辑自定义列表"按钮，如图 5-45 所示。

图5-45　"Excel选项"对话框里的"编辑自定义列表"按钮

（3）单击"编辑自定义列表"按钮，打开"选项"对话框，然后把光标移到右下角的"从单元格中导入序列"文本框中，从基础表格中引用项目名称区域，再单击"导入"按钮，将该项目序列导入到 Excel 的"自定义序列"列表框中，最后单击 2 次"确定"按钮，关闭"选项"对话框和"Excel 选项"对话框，如图 5-46 所示。

步骤02 在字段"费用"一列单击鼠标右键，执行快捷菜单中的"排序"→"其他排序选项"命令，打开"排序（费用）"对话框，选中"升序排序(A 到 Z)依据"单选

165

按钮，如图5-47所示。

图5-46　为Excel添加自定义序列　　　图5-47　选中"升序排序(A到Z)依据"单选按钮

步骤 03 单击该对话框左下角的"其他选项"按钮，打开"其他排序选项（费用）"对话框，取消选中"每次更新报表时自动排序"复选框，并从"主关键字排序次序"下拉列表中选择刚才定义的序列，同时选中"字母排序"单选按钮，如图5-48所示。

步骤 04 依次单击"确定"按钮，关闭"其他排序选项（费用）"对话框和"排序（费用）"对话框，就得到了按照规定次序排序的数据透视表，如图5-49所示。

	A	B	C
3	费用	2015年	2016年
4	工资	326752	233606
5	福利	20022	3986
6	社保	45179.05	32584.34
7	办公费	4489	25058.8
8	通讯费	1330	1030
9	车管费	225	7351.19
10	交通费	452.5	902.5
11	业务费	2610.6	7456.6
12	印花税	9789.2	4855
13	水电费	839.6	257.76
14	摊销	125000	125000
15	差旅费	55866	38652.1
16	租赁费	26000	67138.46
17	折旧费	52030.35	77064.39
18	运费	1522	2204
19	燃油费	22404	7190
20	劳保	25989	27161.7
21	低值易耗	11974.36	15634.6
22	总计	732474.66	677135.24

图5-48　取消自动排序，并选择自定义序列　　图5-49　按照规定的次序排序后的透视表

> **说明**
> 一旦在Excel里添加了自定义序列，那么这个序列将永远存在，也就是说，任何一个工作表都可以使用这个序列进行自定义排序，也可以使用这个自定义序列快速填充输入数据。

5.5.9 设置值字段的汇总依据

在默认情况下，如果是数值型字段，值汇总依据是求和；如果是文本型字段，值汇总依据是计数。

但是，如果某列是数值型字段，但该列存在空单元格，那么透视表自动把该字段汇总依据设置为计数。因为当某列存在空单元格时，透视表会认为该列是文本数据字段。此时，需要重新设置值字段的汇总依据。

方法很简单，在该字段位置单击鼠标右键，在弹出的快捷菜单中选择"值汇总依据"命令，在弹出的子菜单中选择相应的命令，如图 5-50 所示；或者在快捷菜单中选择"值字段设置"命令，在弹出的"值字段设置"对话框中进行设置，如图 5-51 所示。

图5-50　"值汇总依据"命令　　　图5-51　"值字段设置"对话框

5.6 数据透视表分析数据的主要技能

对数据进行汇总计算，仅仅是数据透视表的最基本功能。数据透视表的更大用途是对数据做各种分析，快速得到各种维度和各种角度的分析报告。

数据透视表分析数据的主要技能如下。

◎ 排序和筛选。

◎ 设置字段的显示方式。

◎ 设置字段的值汇总依据。

◎ 组合字段项目。

◎ 添加自定义计算字段。

◎ 添加自定义计算项。

◎ 利用切片器快速筛选数据。

5.6.1 排序和筛选数据：找出最好或最差的前 N 个项目

领导发话了，要把一季度销售额最大的前 10 大客户找出来。现在的情况是，你拿到的是从软件导出的一季度销售流水。如何在 1 分钟内完成这个报告？

案例5-5

图 5-52 所示是从 K3 导出的一季度销售流水，完成上面领导布置的任务。

步骤 01　首先制作一张数据透视表，进行布局并美化，得到如图 5-53 所示结果。

步骤 02　在"销售额"列中单击鼠标右键，在弹出的快捷菜单中选择"排序"→"降序"命令，将各个客户的销售额从大到小排序，如图 5-54 所示。

167

图5-52　一季度销售数据

图5-53　按客户汇总销售额　　　　图5-54　对销售额降序排序

步骤 03 在"客户"列中，单击鼠标右键，在弹出的快捷菜单中选择"筛选"→"前10个"命令，如图5-55所示。

步骤 04 打开"前10个筛选"对话框，设置各个选项，如图5-56所示。

图5-55　"前10个"命令　　　　图5-56　筛选前10个命令和对话框

这样，就得到了如图5-57所示的销售额前10大客户报表。

如果再以该数据绘制柱形图，则分析报表就更完美了，如图5-58所示。

图5-57　销售额前10大客户　　　　图5-58　销售额前10大客户：有表有图

5.6.2 设置字段显示方式，制作结构分析报表

案例5-6

那么，领导又会问了，客户07销售额排名第一，它的销售额占总销售额的比例是多少？你该不会在透视表外面做一个占比计算公式往下拉吧。

这样的分析报表，可以使用字段显示方式的功能来快速完成。

主要步骤如下。

步骤01 向值区域中拖放两个销售额，并进行降序排序，得到如图5-59所示的基本数据透视表。

步骤02 在第2个销售额列单击鼠标右键，在弹出的快捷菜单中选择"值显示方式"→"列汇总的百分比"命令，如图5-60所示。

图5-59　基本数据透视表，向值区域拖放两个"销售额"　图5-60　设置第2个销售额的显示方式为"列汇总的百分比"

这样，数据透视表就变为了如图5-61所示的情形，最后再修改字段名称即可。

图5-61　计算出每个客户销售额的占比

现在，你可以告诉领导，销售额排名第一的客户是"客户07"，销售额为442.4万元，占销售总额的16.92%。

但是，不要认为事情到此就结束了。领导还会继续问："销售合计达销售总额60%的是哪些客户？"

这是难不倒你的。再往值区域拖放一个销售额，将其显示方式设置为"按某一字段汇总的百分比"，并修改字段名称，就得到如图5-62所示的报表。

现在可以告诉领导，前6个客户的销售总额已经占了公司销售总额的60%左右。

领导又会问："这个报表看起来还是不方便，能不能对每个客户进行排名？也就是对每个客户做一个排名序号？"

这个就稍微有那么点复杂了，因为要用到自定义计算字段。

单击"分析"→"字段、项目和集"下拉按钮，在弹出的下拉列表中选择"计算字段"命令，打开"插入计算字段"对话框，在"名称"文本框中输入"排名"，在"公式"文本框中输入"=1"，如图5-63所示。

图5-62　设置第3个销售额的显示方式为"按某一字段汇总的百分比"

图5-63　为透视表插入一个计算字段"排名"

单击"确定"按钮，数据透视表就变为如图5-64所示。

将字段名称"求和项：排名"修改为"排名"，并将其显示方式设置为"按某一字段汇总"，这样就大功告成了，如图5-65所示。

图5-64　插入了计算字段"排名"后的透视表

图5-65　为每个客户做了排名序号

5.6.3　设置字段的分类汇总依据：制作不同计算结果的报表

HRD问："马上分析下这个月的工资表，每个部门的员工人数是多少？人均工资是多少？最低工资是多少？最高工资又是多少？"你会花多长时间来制作这样的报表？

扫码看视频

◉ 案例5-7

图5-66所示是一份工资表数据，领导的要求已经摆上了台面，就看怎么快速、准确地完成了。

图5-66 从工资表分析每个部门的人数和工资分布

步骤01 以工资表创建一个数据透视表，进行基本的布局，其中，在值区域拖放1个"员工姓名"和3个"应发工资"，并进行美化，如图5-67所示。

步骤02 在第1个"应发工资"列中单击鼠标右键，在弹出的快捷菜单中选择"值汇总依据"→"最大值"命令（如图5-68所示），那么就把这个销售额的计算依据修改为最大值的计算。

图5-67 基本的数据透视表　　　　　图5-68 设置字段的汇总依据

步骤03 采用相同的设置方法，将第2个和第3个应发工资的汇总依据分别设置为"最小值"和"平均值"。这样，就得到了如图5-69所示的报表。

步骤04 最后修改字段名称，设置数字格式，最终的分析报告就完成了，如图5-70所示。

图5-69 初步完成的分析报告　　　　　图5-70 最终完成的分析报告

5.6.4 组合字段项目：制作更有深度的分析报告

总经理说，小白，从软件中把去年销售明细导出来，按月汇总每个月的销售额，然后跟今年每个月做个同比分析。你会怎么办？

HRM说，小黑，分析下每个部门的员工，在每个年龄段的人数是多少，我现在就要看这个数字。你心里会怎么想？

类似这样的问题，使用数据透视表来解决易如反掌，动动鼠标即可完成。下面结合两个实际案例，来说明这样的报表如何制作。

171

案例5-8

图 5-71 所示是一份全年销售明细数据，现在要制作季度、月度的汇总表。

图5-71　从日期流水明细表制作季度、月度汇总表

这个报表的制作很简单，首先以原始数据制作一个基本透视表，并做基本的美化，如图 5-72 所示。

在日期列里单击鼠标右键，执行快捷菜单中的"组合"命令，如图 5-73 所示，打开"组合"对话框，从"步长"列表框中选择"月"和"季度"，其他保持默认，如图 5-74 所示。

单击"确定"按钮，就得到了需要的报表，如图 5-75 所示。

图5-72　按日期和商品分类汇总

图5-73　"组合"命令

图5-74　选择"月"和"季度"

图5-75　完成的季度和月度汇总表

案例5-9

图5-76所示是员工基本信息数据，现在要求统计每个部门、每个年龄区间的人数分布，结果如图5-77所示。

图5-76　员工基本信息　　　　图5-77　员工年龄分布分析报表

这个报表的制作也非常简单。首先制作一个数据透视表，进行如图5-78所示的布局。

图5-78　基本的数据透视表

再将数据透视表进行基本的美化，然后在年龄的任一单元格单击鼠标右键，执行"组合"命令，打开"组合"对话框，设置"起始于""终止于"和"步长"3个参数（如图5-79所示），即可完成所需要的分析报告。

图5-79　组合年龄

5.6.5　添加自定义计算字段：为报告增加分析指标

本书的第1章和第2章中提到，基础表单保存的是最原始的颗粒化数据，尽可能不要有不必要的计算列，因为这样的计算列在分析报告中是可以计算出来的。

同样地，在数据透视表中，也可以为透视表添加原始数据中没有的字段，这样的字段是已有字段进行计算得到的新字段，故称之为"计算字段"。

案例5-10

图5-80所示是本月的店铺月报数据，现在要制作各个地区的本月指标、实际销售金额、销售成本的汇总，以及同时计算每个地区的毛利、目标毛利率、完成率等指标。结果如图5-81所示。

图5-80　店铺月报数据　　　　　　　　　　图5-81　要求的地区分析报告

步骤01 首先制作基本的数据透视表，并进行基本的美化，如图5-82所示。

步骤02 单击"分析"→"字段、项目和集"下拉按钮，在弹出的下拉列表中选择"计算字段"命令，如图5-83所示。

图5-82　基本的数据透视表　　　　　　　　图5-83　"计算字段"命令

步骤03 打开"插入计算字段"对话框，首先输入计算字段的名称，然后再输入公式。

例如，要计算毛利，就在"名称"文本框中输入"毛利"，在"公式"文本框中输入公式"= 实际销售金额 - 销售成本"，然后单击"添加"按钮，如图5-84所示。

提示：不需要手工输入字段名称，只要从底部的"字段"列表中选择并双击某个字段名称，就把该字段插入到公式中。

其他计算字段的插入方法与此相同。

图5-84　"计算字段"对话框，输入字段名称和公式

◎ 计算字段"目标完成率"的公式为：

= 实际销售金额 / 本月指标

◎ 计算字段"毛利率"的公式为：

= （实际销售金额 - 销售成本）/ 实际销售金额

步骤04 所有计算字段都添加完毕后，单击"确定"按钮，关闭"插入计算字段"对话框，就得到了如图5-85所示的数据透视表。

174

	A	B	C	D	E	F	G	H	I
1									
2	性质	地区	求和项:成本月指标	求和项:实际销售金额	求和项:销售成本	求和项:毛利	求和项:毛利率	求和项:目标完成率
3	⊟自营	东北	2270000	988839	353201.46	635637.54	0.642811964	0.435611894
4		华北	4070000	1493425	542104.51	951320.49	0.637005869	0.366934889
5		华东	17200000	7807588.04	2907350.87	4900237.17	0.627624965	0.453929537
6		华南	1910000	655276	254637.39	400638.61	0.61140437	0.34307644
7		华中	2440000	721625.2	263954.75	457670.45	0.634221823	0.295748033
8		西北	2580000	885276.5	297419.08	587857.42	0.664038207	0.343130426
9		西南	3180000	1535527.03	449624.62	1085902.41	0.707185474	0.482870135
10	自营 汇总		33650000	14087556.77	5068292.68	9019264.09	0.640229121	0.418649533
11	⊟加盟	东北	320000	51085.5	17406.07	33679.43	0.659275724	0.159642188
12		华北	3060000	942395.1	338750.62	603644.48	0.640542889	0.307972255
13		华东	7010000	1570575.7	564101.38	1006474.32	0.640831461	0.224047889
14		华南	1680000	606835.5	231801.03	375034.47	0.618016695	0.361211607
15		华中	740000	195725.5	70315.45	125410.05	0.640744563	0.264493919
16		西北	1910000	374845.5	134355.43	240490.07	0.641571181	0.196254188
17		西南	250000	169104	52230.94	116873.06	0.691131257	0.676416
18	加盟 汇总		14970000	3910566.8	1408960.92	2501605.88	0.639704168	0.261226907
19	总计		48620000	17998123.57	6477253.6	11520869.97	0.640115061	0.370179423

图5-85 添加计算字段后的数据透视表

步骤 05 最后修改字段名称，设置金额数字格式和毛利率及完成率的数字格式，就得到了需要的汇总分析报告。

5.6.6 添加自定义计算项，为报告增加差异对比指标

所谓计算项，就是在某个字段下，对该字段下的某些个项目进行计算，得到一个新的项目，但这个新项目还是属于该字段的。

特别注意，计算字段是字段之间进行计算，而计算项是某个字段下各个项目之间的计算。通俗地说，计算字段就像世界大战一样，是各个国家之间的战争，计算项就像自己国家各派之间的内战。

案例5-11

在前面介绍的案例 5-4 中已经把两年的费用汇总到了一个表中，现在要求做同比分析，也就是计算两年的同比增减和同比增长率，报告如图 5-86 所示。

	A	B	C	D	E
1	求和项:值	列	页1		
2		⊟金额			
3	费用	2015年	2016年	同比增减	同比增长率
4	工资	326752	233606	-93146	-28.5%
5	福利	20022	3986	-16036	-80.1%
6	社保	45179.05	32584.34	-12594.71	-27.9%
7	办公费	4489	25058.8	20569.8	458.2%
8	通讯费	1330	1030	-300	-22.6%
9	车管费	225	7351.19	7126.19	3167.2%
10	交通费	452.5	902.5	450	99.4%
11	业务费	2610.6	7456.6	4846	185.6%
12	印花税	9789.2	4855	-4934.2	-50.4%
13	水电费	839.6	257.76	-581.84	-69.3%
14	摊销	125000	125000	0	0.0%
15	差旅费	55866	38652.1	-17213.9	-30.8%
16	租赁费	26000	67138.46	41138.46	158.2%
17	折旧费	52030.35	77064.39	25034.04	48.1%
18	运费	1522	2204	682	44.8%
19	劳保	25989	27161.7	1172.7	4.5%
20	低值易耗	11974.36	15636.4	3662.04	30.6%

图5-86 两年费用同比分析报表

由于"同比增减"和"同比增长率"是字段"页1"下的两个项目"2015年"和"2016年"之间的计算结果，因此是计算项。

插入计算项一定要先定位到要插入计算项的字段上。

例如，本案例中，可以单击字段"页1"，也可以单击"2015年"和"2016年"任一单元格（因为它们都属于字段"页1"），然后单击"分析"→"字段、项目和集"下拉按钮在弹出的下拉列表中选择"计算项"命令（如图5-87所示），打开"在'页1'中插

入计算字段"对话框，然后输入计算项名称和公式，单击"添加"按钮，如图5-88所示。

图5-87　"计算项"命令　　图5-88　输入计算项名称和公式

但是，对于计算项而言，最后一行总计中的同比增长率结果是错误的，它并不是两年总费用的增长率，而是各个费用两年增长率的合计数。如图5-89所示的右下角单元格数据，总费用同比增减是-55339.42，但增长率却是3819.28%！这点要特别注意！

图5-89　总费用的同比增长率是错误的

5.6.7　用切片器快速筛选数据

如果对某个分类字段进行有目的地选择性筛选，比如就只看华北的数据、只看华东的数据、只看产品1的数据、只看自营店的数据，或者只看华东和华中的产品2的数据等，那么就需要单击字段右侧的下拉箭头，展开筛选列表，然后勾选该项目，取消其他项目。这种操作非常方便，也不利于快速分析指定的数据。

例如，在前面的案例5-5中，你跟领导说，"客户07"销售额排名第一；领导会接着问，客户07都买了咱们什么产品？在这些产品中，哪个产品比重最大？你说，我去筛选下，然后没几秒，领导又问，我再看看第3名客户的产品结构，你说，好吧，我再去筛选筛选……就这样，你是不是觉得筛选起来很麻烦？

Excel在2010版后，新增了一个很好用的工具——切片器，可以让我们更加方便地筛选数据。"插入切片器"按钮在两个地方可以找到，如图5-90和图5-91所示。

图5-90　数据透视表"分析"选项卡下的　　图5-91　"插入"选项卡中的"插入"插入切片器"按钮　　　　　　　　　　切片器"按钮

例如，对于案例5-5，要建立一个选择客户的切片器，基本方法如下。

步骤 01 单击透视表的任一单元格。

步骤 02 在"插入"选项卡中单击"切片器"按钮，或者在"分析"选项卡中单击"插入切片器"命令按钮。

步骤 03 打开"插入切片器"对话框，选择要插入切片器的字段，如图5-92所示。

步骤 04 单击"确定"按钮，就插入了选定字段的切片器，如图5-93所示。

图5-92 选择要插入切片器的字段　　　图5-93 插入的切片器

单击切片器的某个项目，就选择了该项目，透视表也就变为了该项目的数据。如果要选择多个项目，可以先单击切片器右上角的 按钮，再单击多个项目。如果要恢复全部数据，不再进行筛选，可以单击切片器右上角的"清除筛选器"按钮 ，如图5-94所示。

图5-94 使用切片器筛选客户

如果不再需要切片器，可以将其删除，方法是：对准切片器单击右键，执行快捷菜单里的"剪切"命令。

5.7 数据透视表的其他应用

前面介绍了数据透视表的基本应用。作为一个数据汇总和分析的集成化工具，数据透视表还有很多其他的灵活应用，例如可以快速汇总大量工作表并进行分析、可以核对数据、可以快速制作明细表等。下面介绍几个日常数据处理中经常遇到的实际问题，以及使用数据透视表来解决这些问题的技能和技巧。

5.7.1 快速汇总分析大量的二维工作表

天下大事，分久必合。我们经常会处理这样的问题：收集到了很多二维表格，需要将它们合并汇总，并进行分析。此时，就可以使用数据透视表来解决。

什么是二维表？所谓二维表，就是将同一类别下的各个项目分别保存在了各列中，而不是作为一个列字段来处理。如图5-95所示的月份，就是把12个月的数据分成了

177

12列来保存。

这种表格本质上并不是基础数据表单，而是一个按类别汇总的计算表。但是，很多人认为这样的结构看起来很清楚，在保存数据时就采用了这样的结构。

如果要把大量这样的二维表汇总起来，并制作分析报告，可以使用"多重合并计算数据区域透视表"功能来完成。

按 Alt+D+P 组合键（注意 P 要连续按 2 下），打开如图 5-96 所示"数据透视表和数据透视图向导"对话框，选中"多重合并计算数据区域"单选按钮，然后按照向导一步一步的操作即可。

图5-95　二维表格

图5-96　数据透视表和数据透视图向导，选中"多重合并计算数据区域"单选按钮

案例5-12

图 5-97 所示是 12 个月的费用表，每个表格里是每个部门每项费用的数据，现在要求将这 12 个月的费用表汇总起来，并进行分析。

扫码看视频

图5-97　12个月的部门费用表：每个月表格是典型的二维表

在每个工作表中，部门和费用是每个月度工作表下的两个维度，也就是两个字段，用于区分每个数据是哪个部门哪个费用的。但是，当把 12 个月的数据汇总到一起时，就必须再区分每个数据是哪个月份的了，也就是说，必须再创建一个字段来表示月份，这个月份字段就是页字段，由于仅仅用一个字段来表示月份就可以了，因此是单页字段。

下面是此类多个二维表汇总的主要步骤。

步骤01 单击任何一个工作表数据区域的任一单元格，打开"数据透视表和数据透视图向导——步骤1（共3步）"对话框，选中"多重合并计算数据区域"单选按钮。

步骤02 单击"下一步"按钮，打开"数据透视表和数据透视图向导——步骤2a

(共3步)"对话框，选中"创建单页字段"单选按钮，如图5-98所示。

步骤 03 单击"下一步"按钮，打开"数据透视表和数据透视图向导－第2b步(共3步)"对话框，将各个工作表的数据区域添加到对话框中，如图5-99所示。

图5-98 选中"创建单页字段"单选按钮

图5-99 添加各个工作表数据区域

要特别注意图5-99中"所有区域"列表框中各个工作表的先后顺序，一定要牢记这个顺序，因为这个顺序决定了如何在后面修改页字段下各个项目的名称。

步骤 04 单击"下一步"按钮，打开"数据透视表和数据透视图向导－－步骤3(共3步)"对话框，选中"新工作表"单选按钮，如图5-100所示。

步骤 05 单击"完成"按钮，就得到了基本的数据透视表，如图5-101所示。

	A	B	C	D	E	F	G	H	I	J	K
1	页1	(全部)									
2											
3	求和项:值	列标签									
4	行标签	办公费	差旅费	车辆费	税金	修理费	招待费	折旧费	职工薪酬	租赁费	总计
5	管理科	10233	9621	10287	9006	10724	8725	11091	9583	11313	90583
6	后勤科	10426	14407	8534	12894	11106	9750	10685	9385	9766	96953
7	技术科	10912	11257	10001	11169	13685	8375	9332	8780	10956	94467
8	人事科	9287	9318	9507	13537	8114	8880	9057	9573	7919	85172
9	设备科	10782	9832	12116	8217	11939	11174	9153	11908	11720	96841
10	设计科	10624	9979	9836	11754	9720	11264	7222	9167	10767	90333
11	生产科	11076	10643	11543	10540	9212	12472	8928	10840	9420	94674
12	销售科	10943	9554	10431	10967	13090	12324	9698	9254	10513	96774
13	信息中心	10991	9919	10554	10190	8348	10660	10597	10872	14306	95274
14	总计	95274	94530	93522	99520	97780	91312	85826	89087	93246	840097

图5-100 选中"新工作表"单选按钮

图5-101 基本的数据透视表

步骤 06 对数据透视表进行美化，例如清除样式、设置为表格显示、修改字段名称、调整项目次序等，得到如图5-102所示的报表。

步骤 07 单击字段"月份"的下拉按钮，展开字段项目列表，可以看出，字段"月份"下有12个项目，分别是"项1""项10""项11""项12""项2""项3"……"项9"，如图5-103所示。实际上它们就分别表示12个月份工作表，但是这12个项目分别代表哪个月份工作表呢？

图5-102 美化后的数据透视表

图5-103 页字段"月份"下的12个项目

在"数据透视表和数据透视图向导--第2b步（共3步）"对话框的"所有区域"列表中，可以看到各个工作表数据区域的先后顺序是"10月""11月""12月""1月""2月""3月"……"9月"，而透视表会按照这个次序把12个项目分别命名为"项1""项2""项3""项4"……"项12"，因此默认的项目名称和实际月份名称的对应关系如下。

- 项1 → 10月
- 项2 → 11月
- 项3 → 12月
- 项4 → 1月
- 项5 → 2月
- 项6 → 3月
- 项7 → 4月
- 项8 → 5月
- 项9 → 6月
- 项10 → 7月
- 项11 → 8月
- 项12 → 9月

也就是说，修改页字段各个项目名称依据"数据透视表和数据透视图向导--第2b步,（共3步）"对话框的"所有区域"列表中各个区域的先后顺序，而不是工作表在工作簿的前后顺序"1月""2月""3月"……

为什么会这样排序呢？原因就是 Windows 的默认排序规则。

重命名页字段"月份"下各个项目名称的一个简单方法是，将页字段"月份"拖至行标签区域，将字段"成本中心"拖至筛选区域，使数据透视表变为如图 5-104 所示的情形，然后在各个单元格里分别修改"项1""项2""项3"……的名称，并调整各个月份的次序，如图 5-105 所示。

图5-104 重新布局数据透视表，以便于修改页字段"月份"下项目的名称

图5-105 把字段"月份"下的项目修改为具体的月份名称

步骤08 再重新布局数据透视表，即可对各个部门各个月份的费用进行各种分析。如图 5-106 和图 5-107 所示的两个报表，这里我们还插入了图表，以便更清楚地分析数据。

图5-106 分析指定部门、指定费用的各个月变化情况

图5-107 指定月份、指定费用，各个部门的对比分析

由本例可以看出，利用多重合并计算数据区域制作的数据透视表，对每个工作表数据区域的行数和列数没有更多的要求，对每个工作表的行项目和列项目的次序也没有要求，就是说，各个工作表数据区域的行数和列数可以不一样，项目也可以有或者没有（比如3月份发生了验证费支出，该列数据存在，但4月份没有验证费，该表中没有这列数据）。因此，这种方法是一种通用的、适用性更加广泛的汇总多个二维工作表数据的方法。

5.7.2 快速汇总分析大量的一维工作表（全年12月工资汇总）

多重合并计算数据区域透视表，仅仅适用于二维表格的场合。那么，如果是多个一维表格数据要汇总分析，又该怎么做呢？这种多个一维工作表汇总是最常见的实际问题。

本书的核心就是一直在强调的标准化规范化，也就是说，基础表单必须标准规范，否则再好的工具也用不上。对于标准规范的一维表格（列数一样、列顺序也一样），最简单的方法是使用现有连接+SQL语句的方法进行快速汇总分析。

这种方法的核心是编写SQL语句，从各个工作表中查询数据，并按照向导进行操作，非常方便。

案例5-13

图5-108所示是当前工作簿12个月的工资表，现在要求将这12个工作表的数据进行汇总并分析。

图5-108 结构一样的12个月工资表

具体步骤如下。

步骤01 在"数据"选项卡的"获取外部数据"组中单击"现有连接"按钮，如图5-109所示。

步骤02 打开"现有连接"对话框，如图5-110所示。

图5-109 现有连接命令　　图5-110 现有连接对话框

步骤03 单击对话框左下角的"浏览更多"按钮，打开"选取数据源"对话框，选择要制作透视表的文件，如图5-111所示。

步骤04 单击"打开"按钮，打开"选择表格"对话框，如图5-112所示。

图5-111 选择要制作透视表的文件　　图5-112 "选择表格"对话框，保持默认

步骤05 保持默认，单击"确定"按钮，打开"导入数据"对话框，选中"数据透视表"和"新工作表"单选按钮，如图5-113所示。

步骤06 单击对话框左下角的"属性"按钮，打开"连接属性"对话框，切换到"定义"选项卡，然后在底部的"命令文本"文本框中输入下面的SQL语句，如图5-114所示。

```
select '1月' as 月份,* from [01月$]
union  all
select '2月' as 月份,* from [02月$]
union  all
select '3月' as 月份,* from [03月$]
union  all
select '4月' as 月份,* from [04月$]
union  all
select '5月' as 月份,* from [05月$]
union  all
select '6月' as 月份,* from [06月$]
union  all
select '7月' as 月份,* from [07月$]
union  all
select '8月' as 月份,* from [08月$]
union  all
select '8月' as 月份,* from [09月$]
union  all
select '10月' as 月份,* from [10月$]
union  all
select '11月' as 月份,* from [11月$]
union  all
select '12月' as 月份,* from [12月$]
```

图5-113　选中"数据透视表"和"新工作表"单选按钮　　图5-114　在"定义"选项卡的"命令文本"文本框中输入SQL语句

步骤 07 单击"确定"按钮，返回到"导入数据"对话框，再单击"确定"按钮，就得到了一个数据透视表，如图5-115所示。

图5-115　以12个月工资表制作的数据透视表

步骤08　进行布局，就得到了需要的报告。图5-116所示就是各个部门各个月的社保汇总表。

图5-116　各个部门各个月的人数和社保金总额

5.7.3　快速制作明细表

"老师，我在做成本分析，从EPR导出的是所有产品的成本表，如何快速把每个产品的成本明细制作一张工作表？我都是一个一个产品地筛选、复制和粘贴。"

扫码看视频

"老师，经理要求从工资表里按部门拆分成各个部门工资表，怎么做？"

"老师，如何快速从员工基本信息工作表中，分别制作各个部门员工明细表？"

这样的问题，很多人确实是采用"筛选→复制→插入新工作表→粘贴"这样的手工劳动，尽管这样的工作不常做，但每次也是挺累人的。

数据透视表，不仅仅可以汇总计算，还可以快速拆分制作明细表。正所谓"天下大事，分久必合，合久必分"，领导让合并我就合并，领导让分开我就分开，不难不难，只是动动鼠标而已。

利用数据透视表制作明细表有两种方法：每次只做一张明细表和批量制作明细表。

1. 每次做一张明细表

当制作完毕数据透视表后，可以通过双击某个汇总数据单元格，就把该汇总数据所代表的所有项目明细数据还原出来，另存到一张新工作表。

案例5-14

例如，已经制作出各个部门各个学历的人数分布，如图5-117所示。

现在要把财务部的 7 个本科筛选出来，单独保存到一张新工作表，双击财务部本科的数据单元格（此案例中就是单元格 E6），即可得到如图 5-118 所示的明细表。

图5-117　各个部门各个学历的人数统计

图5-118　财务部本科学历的7个人明细表

2. 批量制作明细表

如果要批量制作所有项目的明细表，就需要采用下面的方法进行了。其实也是很简单的，仅仅需要鼠标操作即可。

以前面的案例 5-12 数据为例，已经利用现有连接 +SQL 语句的方法将 12 个月的工资表合并起来制作了透视表。现在要按部门制作明细表，也就是每个部门一张工作表，保存的是该部门 12 个月所有员工的工资明细。

步骤 01 首先重新布局透视表，将所有字段拖放到"行"窗格内，得到如图 5-119 所示的透视表。

步骤 02 单击"设计"→"报表布局"下拉按钮，在弹出的下拉列表中选择"以表格形式显示"命令，将透视表设置为普通表格结构。

步骤 03 单击"设计"→"分类汇总"下拉按钮，在弹出的下拉列表中选择"不显示分类汇总"命令，取消所有字段的分类汇总。

步骤 04 单击"设计"→"总计"下拉按钮，在弹出的下拉列表中选择"对行和列禁用"命令，取消透视表的所有总计。

图5-119　重新布局后的透视表

步骤 05 单击"分析"选项卡下的"+/- 按钮"按钮，不显示字段的"折叠 / 展开"按钮。

步骤 06 单击"设计"→"报表布局"下拉按钮，在弹出的下拉列表中选择"重复所有项目标签"，填充行字段的空单元格。

这样，就得到了如图 5-120 所示的重新布局透视表。

图5-120 重新布局透视表

步骤 07 因为是每个部门做一个表格，因此再把字段"部门"拖放到"筛选"窗格。

步骤 08 单击"分析"→"选项"下拉按钮，在弹出的下拉列表中选择"显示报表筛选页"命令，如图5-121所示。

步骤 09 打开"显示报表筛选页"对话框，选择"部门"，如图5-122所示。

步骤 10 单击"确定"按钮，就发生了神奇的事情：快速创建了N个工作表，每个工作表名字就是部门的名字，该工作表中保存该部门下的所有数据，如图5-123所示。

图5-121 "显示报表筛选页"命令　　　图5-122 "显示报表筛选页"对话框，选择"部门"

图5-123 每个部门一个工作表

其实，这个操作的本质，就是将数据透视表复制了N个表，在每个表中筛选每个部门，因此得到的每个明细表实际上还是数据透视表。

步骤 11 选择这些工作表，再选择整个工作表区域，然后选择粘贴成数值。

5.7.4 快速核对数据

"老师,怎样快速核对社保的数据啊?人数太多,用眼睛核对每行的数据不方便,使用 VLOOKUP 函数更是麻烦。这个工作快把我累趴了。"——一个学生问道。

"老师,有没有快捷的方法进行银行对账啊?我一直都是手工一笔一笔地核对,累死我了。"一个学生问道。

很多数据的核对,是在两个或者多个表格之间进行的,也就是把几个表格中对不上的数据查找出来,此时可以使用函数、数据透视表等,并联合使用条件格式。其中使用数据透视表是最简单的方法。

下面以一个简单的例子来说明如何利用数据透视表快速核对数据。

案例5-15

图 5-124 所示是两张工作表数据,现在要核对每个项目的金额在两个表格中是否一样。

图5-124 两个表格数据

这是一个单条件核对数据的问题,最实用最简便的方法是利用多重合并计算数据区域透视表,不仅速度快,核对准确,得到的核对结构就在一张表上,非常清晰。

步骤 01 首先对两个表格制作多重合并数据透视表,如图 5-125 和图 5-126 所示。

图5-125 添加2个工作表的数据区域   图5-126 创建的基本透视表

步骤 02 设置数据透视表的格式,例如删除样式、取消行总计、取消分自选类汇总、设置表格样式等。

步骤03 为字段"列"添加一个计算项,"名称"为"差异","公式"为"= 计费金额 – 金额",如图 5-127 所示。

图5-127 插入计算项,计算两个表格的差异值

步骤04 单击"确定"按钮,即可得到如图 5-128 所示的核对结果。

步骤05 如果数据量很大,差异计算出的 0 就会很多,此时可以设置 Excel 选项,不显示工作表中数字 0,效果如图 5-129 所示。

图5-128 核对结果

图5-129 不显示数字0

第6章

大量工作表的快速查询与汇总

领导说:"小白,你做一份各个分公司的员工名单出来。我现在不清楚我们公司到底有多少员工。"

CFO 说:"小胡,你把各个部门的预算表汇总下,我需要一张总公司的预算汇总表,同时还要能查看各个部门的预算情况。"

数据的查询与汇总,是日常数据处理中频繁遇到的问题。也许你会说,数据查询很简单啊,用 VLOOKUP 函数就可以搞定。但是,领导要的不是一个数据,也不是从一张工作表查询,而是要从一个或者多个原始表单中进行查询,得到一张新的数据表,这样的查询表,你能不能在 5 分钟做出来?

你也许会这样说,我平常做汇总表格都是复制粘贴,也不会别的方法,看书也看不明白,就这么个笨办法,已经用了快十年了。

6.1 快速查询数据

一说到查询数据,很多人立即想到了使用 VLOOKUP 函数。现在的情况并不是查询满足条件的某个数据,而是查询所有满足条件的数据;条件不见得是一个,也可以是定了多个条件。这样的问题,可以使用 Microsoft Query 工具,也可以使用 Power Query 工具,前者在所有版本里都能使用,后者在 Excel 2016 中才有。

这些工具的使用,不需要多深的学问,也不需要绞尽脑汁,只需要按照可视化向导一步一步地操作,很快就能完成领导布置的任务。而且,得到的查询表没有任何公式,但与原始表单是链接的,当原始表单数据变化后,只要在查询表中刷新数据,即可瞬间得到最新的查询结果。

6.1.1 从一张工作表中查询满足条件的数据

◎ 案例6-1

图 6-1 所示是一个员工花名册,要求从这个表格中查询所有离职人员的基本信息,制作离职人员信息表。

图6-1 员工基本信息表

这个问题使用 Microsoft Query 基本方法是最简单的，而且在各个版本中都能使用，下面就来介绍这个方法。

步骤 01 单击"数据"→"自其他来源"下拉按钮，在弹出的下拉列表中选择"来自 Microsoft Query"命令，如图 6-2 所示。

步骤 02 打开"选择数据源"对话框，在"数据库"选项卡的列表框中选择 Excel Files*，如图 6-3 所示。

图6-2 "来自Microsoft Query"命令　　　图6-3 选择Excel Files*

步骤 03 单击"确定"按钮，打开"选择工作簿"对话框，然后从保存该工作簿的文件夹里选择该文件，如图 6-4 所示。

步骤 04 单击"确定"按钮，打开"查询向导－选择列"对话框，如图 6-5 所示。

图6-4 选择要查询的工作簿　　　图6-5 "查询向导-选择列"对话框

如果是第一次使用 Microsoft Query，可能会出现警告"数据源中没有包含可见的表格"，如图 6-6 所示。

此时，需要单击"确定"按钮，打开"查询向导－选择列"对话框，如图 6-7 所示。在这个对话框中没有任何可以使用的表格。没关系，继续往下操作。

图6-6 "数据源中没有包含可见的表格"警告对话框　　　图6-7 "查询向导-选择列"对话框：没有任何可以使用的表格

单击"选项"按钮,打开"表选项"对话框,勾选"系统表"复选框,如图6-8所示。

单击"确定"按钮,返回到"查询向导－选择列"对话框,就可以看到左侧"可用的表和列"列表框中出现可以使用的表格了。

步骤05 在左侧"可用的表和列"列表框中单击工作表"基本信息$"左边的"展开"按钮➕,展开该工作表下的各列标题,然后把需要的列移动到右侧的"查询结果中的列"列表框中,如图6-9所示。

图6-8 勾选"系统表"复选框　　　　图6-9 选择要导出的列

步骤06 单击"下一步"按钮,打开"查询向导－筛选数据"对话框,在左侧的"待筛选的列"列表框中选择"离职时间"或者"离职原因",然后在右侧筛选条件中选择"不为空",如图6-10所示。

图6-10 设置筛选条件

步骤07 单击"下一步"按钮,打开"查询向导－排序顺序"对话框,选择要排序的关键字进行排序,比如按照离职时间的早晚进行排序,如图6-11所示。

步骤08 单击"下一步"按钮,打开"查询向导－完成"对话框,保持默认,如图6-12所示。

图6-11 对离职时间进行排序　　　　图6-12 保持默认

步骤09 单击"完成"按钮,打开"导入数据"对话框,选中"表"和"新工作表"单选按钮,如图6-13所示。

步骤⑩ 单击"确定"按钮，即可得到要求的所有离职人员明细表，如图6-14所示。

图6-13 选中"表"和"新工作表"单选按钮

图6-14 查询得到的离职人员明细表

步骤⑪ 这个查询表的样式比较难看，例如颜色不雅，日期数据后面有0:00的时间后缀。

首先，选择G列和I列，将单元格格式设置为短日期。其次，在"设计"选项卡下的表格样式集中选择一种喜欢的样式，如图6-15所示。

图6-15 设置查询表的样式

这样，就得到了如图6-16所示的查询表。

图6-16 设置表格样式后的查询表

领导可能会问："总共有多少人离职了？离职的平均年龄是多大？平均在公司待了多少年？"遇到这样的问题，你会如何计算和回答？

其实，只需要在查询表的底部添加一个汇总行就可以了，因为这个表格是智能表格，有很强大的功能。

在"设计"选项卡的"表格样式选项"组中勾选"汇总行"复选框,如图6-17所示,就在表格的底部添加了一个汇总行,如图6-18所示。

图6-17　勾选"汇总行"复选框　　　　图6-18　表格底部添加了一个汇总行

在这个汇总行的最右边单元格,会自动出现一个数字,这个案例中是12,表示有12行数据,也就是12个离职员工。

可以在任一字段的底部添加汇总计算公式,方法是单击某个汇总单元格,就会出现一个下拉箭头,单击它,展开计算列表,然后选择某种计算即可,如图6-19所示。

图6-19　为某个字段添加计算公式

图6-20所示是计算了平均年龄和平均工龄后的表格,并把人数显示在部门的底部。

如果原始数据变化了,比如又有人离职或入职了,那么在查询表中单击鼠标右键,在弹出的快捷菜单中选择"刷新"命令,如图6-21所示,就自动得到了最新结果。感兴趣的读者可自行练习。

图6-20　完整的查询表:既有明细数据,又有简单的汇总计算　　　图6-21　"刷新"命令

193

- 读后作业：以此案例数据为例，完成下面的作业。
  - （1）请制作在职人员明细表。
  - （2）请制作当年入职的员工明细表。
  - （3）请制作当年离职的员工明细表

6.1.2 从多张工作表中查询满足条件的数据

如果数据源不是一张工作表，而是当前工作簿里的多张工作表，现在要从这些工作表里把满足条件的数据查询出来，并保存到一张新工作表中，这样的问题，又该如何快速准确完成呢？你不会又是一张一张工作表筛选复制粘贴吧？

这个问题，可以使用 Excel 2016 版中的最新工具 Power Query 快速完成。

案例6-2

图 6-22 所示是当前工作簿中的 12 张工资表，保存 12 个月的工资。现在领导要求从这 12 个月的工资表中，把所有劳务工的实发工资数据查出来，保存到一个新的工作表中。

图6-22　当前工作簿里的12张工资表

步骤01 单击"数据"→"新建查询"下拉按钮，在弹出的下拉列表中选择"从文件"→"从工作簿"命令，如图 6-23 所示。

步骤02 打开"导入数据"对话框，从目标文件夹里选择要查询汇总的工作簿，如图 6-24 所示。

图6-23　"从工作簿"命令　　图6-24　选择要查询汇总的工作簿

步骤03 单击"导入"按钮,打开"导航器"对话框。由于要汇总该工作簿中的全部 12 个工作表,所以选择"案例 6-2.xlsx[12]",如图 6-25 所示。注意,不能只选择某个工作表。

图6-25 选择"案例6-2.xlsx[12]"

步骤04 单击右下角的"编辑"按钮,进入"查询编辑器"界面,如图 6-26 所示。

步骤05 选择右侧的 3 列,将其删除,如图 6-27 和图 6-28 所示。

图6-26 查询编辑器　　　　　　　　图6-27 准备删除右边的3列

图6-28 删除不必要的列

步骤06 单击 Data 字段右侧的 按钮,打开如图 6-29 所示的窗口,取消勾选"使用原始列名作为前缀"复选框,然后单击"加载更多"。

195

步骤 07 单击"确定"按钮，就得到了全部 12 个工作表的数据，如图 6-30 所示。

图6-29　加载所有列数据

图6-30　加载了12个工作表数据

步骤 08 在"开始"选项卡的"转换"组中单击 将第一行用作标题 按钮，显示真正的标题，然后将第 1 列默认的标题"01 月"修改为"月份"，就得到如图 6-31 所示的结果。

步骤 09 但是，每个表格其实都有标题存在，因此需要将这些标题行剔除掉。方法是单击除第 1 列（该列实际上是工作表名）外的任一列，比如"性别"列，将数据记录中的"性别"取消勾选，如图 6-32 所示。

图6-31　将第1行用作标题

图6-32　从字段"性别"中取消勾选"性别"

步骤 10 工资项目仅仅保留最后一列的"实发合计"，其他各列均删除，得到如

图 6-33 所示的结果。

步骤 11 从字段"合同种类"中筛选"劳务工",如图 6-34 所示。

图6-33 仅保留"实发合计"项目数据　　　图6-34 筛选"劳务工"

这样,就得到了 12 个月工作表中所有劳务工的数据,如图 6-35 所示。

图6-35 查询出的12个月工资表中所有劳务工的应发合计数据

步骤 12 单击"开始"→"关闭并上载"按钮,如图 6-36 所示。

这样,就得到了全部劳务工 12 个月实发合计的汇总表,如图 6-37 所示。

图6-36 "关闭并上载"按钮　　　图6-37 全部劳务工12个月实发合计的汇总表

步骤 13 以这个查询表制作数据透视表进行布局,设置格式,可得到每个劳务工每个月的"实发合计"数据,如图 6-38 所示。

图6-38 每个劳务工每个月的"实发合计"汇总表

6.1.3 查询几张工作表都有的数据

领导说:"你从年初和年末的员工信息表中把年初、年末都有的员工(也就是排除新入职和离职的员工)的信息查出来,以年末数据为准,得到老员工最新的信息数据。"

扫码看视频

怎么办?这个问题并不难,使用 Microsoft Query 即可快速完成。

案例6-3

图 6-39 所示是年初、年末的员工信息表,现在要从两个表格中抓取两者都有的员工,但员工的信息数据以年末为准。

图6-39 年初和年末的员工花名册

这个问题使用 Microsoft Query 来解决是最简单、也是操作最方便的,下面是这个问题使用 Microsoft Query 做连接查询的主要步骤。

步骤01 单击"数据"→"自其他来源"下拉按钮,在弹出的下拉列表中选择"来自 Microsoft Query"命令,选择工作簿,然后进入"查询向导 – 选择列"对话框,在左侧"可用的表和列"列表框中可以看到两个待查询的表格,如图 6-40 所示。

步骤02 将"年初"工作表的"工号"移到右侧,再将"年末"所有数据移到右侧,如图 6-41 所示。

图6-40 两个待查询的表格   图6-41 "年初"只要"工号"数据,"年末"数据全要

步骤 03 单击"下一步"按钮，弹出一个警告对话框，如图6-42所示。

图6-42 警告对话框

步骤 04 单击"确定"按钮，进入 Microsoft Query 界面，然后把"年初"表格里的"工号"拖放到"年末"表格里的"工号"上，建立链接，如图6-43所示。

图6-43 建立两张表格的链接，拖放关键字段连接即可

步骤 05 删除一列多余的"工号"，然后选择"文件"→"将数据返回 Microsoft Excel"命令，如图6-44所示。

步骤 06 打开"导入数据"对话框，选中"表"和"新工作表"单选按钮，如图6-45所示。

图6-44 准备将数据导入到Excel　　图6-45 选中"表"和"新工作表"单选按钮

步骤 07 单击"确定"按钮，就得到了年初、年末两张表格都存在的员工数据，如图6-46所示。

图6-46 年初、年末两个表都存在的员工，基本信息是年末数据

6.2 快速汇总大量的工作表

大量工作表的汇总，看起来很复杂，也很累人，但是，如果你把基础表单做好了，汇总起来并不费事。因为 Excel 提供了大量非常实用的表格汇总工具，例如合并计算工具、数据透视表工具、现有连接+SQL 工具、Microsoft Query 工具、Power Query 工具，甚至 VBA 工具等。这些工具适用于不同的情况，但是都有一个最基本的要求：表格必须标准规范！

6.2.1 多个结构完全相同的工作表快速汇总

如果要汇总的多个工作表结构完全相同，汇总的目的就是把这些工作表数据加总，那么可以直接使用 SUM 函数，也可以使用合并计算，前者仅仅是得到一个合计数，后者可以制作两层分级显示效果的汇总表，不仅可以得到合计数，还可以看每个表格的明细数据。

1. 使用 SUM 函数

每个人都会使用 SUM 函数，但 SUM 函数有一个特殊用法，不是每个人都了解的：就是快速汇总结构完全相同的大量工作表，不管这些工作表有多少张。

◎ 案例6-4

图 6-47 所示是保存在同一个工作簿中的 12 张工作表，涵盖全年 12 个月的预算数据，每张工作表的结构完全相同，也就是行一样多，列也一样多，行顺序和列顺序也一模一样。

现在要制作一个汇总表，把这 12 张工作表的数据汇总在一起，结果如图 6-48 所示。

图6-47　12个月的预算数据　　　　图6-48　汇总计算结果

步骤 01 首先把那些要汇总的工作表全部移动在一起，顺序无关紧要，但要特别注意这些要汇总的工作表之间不能有其他工作表。

步骤 02 插入一个工作表，设计汇总表的结构。由于要加总的每个工作表结构完全相同，最简便的办法就是把某个工作表复制一份，然后删除表格中的数据，如图 6-49 所示。

步骤 03 在当前的汇总表中，单击单元格 B3，插入 SUM 函数，单击要汇总的第一个工作表标签，按住 Shift 键不放，再单击要汇总的最后一个工作表标签，最后再单击单元格 B3，即可把汇总公式 "=SUM('1月:12月'!B3)" 输入到单元格 B3 中，按 Enter 键完成公式的输入，如图 6-50 所示。

图6-49　设计汇总表的结构

图6-50　输入求和公式

步骤 04 将单元格 B3 的公式进行复制，即可得到汇总报表。

2. 使用合并计算工具

使用 SUM 函数汇总计算得到的结果，仅仅是所有表格的合计数，如果还要看每张表格的明细数据呢？总不能在这些明细表之间来回切换吧？几张表不算费事，但是如果有几十张表呢？

此时，可以使用合并计算工具来实现这样的效果：不仅合并计算了这些表数据，还可以做成二级显示效果，在合计数与明细数据之间任意切换。

案例6-5

以案例 6-4 的数据为例，使用合并计算工具得到的汇总表效果如图 6-51 和图 6-52 所示。

图6-51　利用合并计算得到的汇总表具有二级分级显示效果

图6-52　单击左边的"展开"按钮 +，可以展开某个部门12个月的明细数据

下面是这个合并表的主要制作过程。

步骤 01 插入一个工作表，设计汇总表的结构。

步骤 02 选择要保存汇总数字的区域，单击"数据"选项卡下的"合并计算"按钮，如图 6-53 所示。

步骤 03 打开"合并计算"对话框，如图 6-54 所示。

图6-53 "合并计算"按钮　　　　　　图6-54 开始"合并计算"

步骤 04 切换到某个表格，选择要汇总的区域，然后单击"添加"按钮，如图6-55所示。

图6-55 选择要汇总的数字区域，单击"添加"按钮

步骤 05 以此方法将12个月的数据都添加完毕，并选中"创建指向源数据的链接"复选框，如图6-56所示。

步骤 06 单击"确定"按钮，就得到了初步的合并表，如图6-57所示。

图6-56 将12个月数据添加完毕　　　　图6-57 初步的合并表

步骤 07 单击左侧列标栏的 2 按钮，展开合并表，可以看到每个部门上面是空格，需要输入具体的月份名称，如图6-58所示。

图6-58 初步的合并表，A列存在大量空单元格，需要填充月份名称

那么，每个空单元格应该输入哪个月份名称呢？从右侧单元格的引用公式里，可以看出该行单元格是引用哪个月份工作表的数据。

先手工在第一个部门上面的 12 个空单元格的输入月份名称，然后选择这 12 个单元格，按快捷键 Ctrl+C，再往下选择到最后一行，按下 F5 键定位所有的空单元格后，按快捷键 Ctrl+V，即可对每个部门批量填充月份名称。

步骤 08 对工作表进行适当的美化。

这样，不仅得到了 12 个月工作表的汇总数据，同时也把每个月的数据拉到了汇总表，可以非常方便地查看汇总数据和明细数据（通过单击 1 按钮和 2 按钮）。

细心的读者可能发现，在这个表格中有一个难受的问题：为什么月份名称不是自然月的排列，而是 10 月、11 月、12 月排在了 1 月、2 月……9 月的前面？这是因为在合并计算对话框中，当选择添加区域后，会自动对工作表名称按照默认的排序规则进行排序。

为了解决这个问题，最好把 12 个月的工作表名称修改为"01月""02月""03月"……"12月"这样的名称。

其实，合并计算的结果都有这样的问题，为了避免这样不舒服的顺序，工作表的命名也是需要讲究技巧的。

6.2.2 多个结构完全相同一维工作表快速汇总

如果是多个结构完全相同的一维工作表，例如 12 个月的工资表，可以使用现有连接+SQL 语句的方法，也可以使用 Power Query 的方法，这些方法在前面都已经介绍过了，只不过汇总的是全部数据，并且是得到一张堆积的汇总表。感兴趣的读者可以自己用前面的案例进行练习。

6.2.3 多个关联工作表快速汇总

所谓关联工作表，就是每张工作表都有一列或几列关键词是各个表格都有的，这些表格靠这几列关键词进行关联汇总。

案例6-6

图 6-59 所示是一个员工信息及工资数据分别保存在 3 张工作表中的工作簿。说明如下：

图6-59　多个有关联的工作表数据

- 工作表"部门情况"保存员工的工号、姓名及其所属部门。
- 工作表"明细工资"保存员工的工号、姓名及各项工资明细数据。
- 工作表"个税"保存员工的工号、姓名和个人所得税数据。

这3张工作表都有一个"工号"列数据。现在要求按部门将这3张工作表数据通过工号进行关联，汇总在一张工作表上，以便做进一步的分析。汇总结果如图6-60所示。

图6-60　汇总后的数据

这个问题有很多方法可以解决，如使用 VLOOKUP 函数等，但最简便且效率更高的方法是利用 Microsoft Query 工具。下面是主要方法和步骤。

步骤01 单击"数据""自其他来源"下拉按钮，在弹出的下拉列表中选择"来自 Microsoft Query"命令。

步骤02 打开"选取数据源"对话框，选择 Excel File*。

步骤03 单击"确定"按钮，打开"选择工作簿"对话框，从保存有当前工作簿文件的文件夹里选择该文件。

步骤04 单击"确定"按钮，打开"查询向导-选择列"对话框，如图6-61所示。

步骤05 从左边的"可用的表和列"列表框中分别选择工作表"部门情况""明细工资"和"个税"，单击 > 按钮，将这3个工作表的所有字段添加到右侧的"查询结果中的列"列表框中，如图6-62所示。

图6-61　"查询向导-选择列"对话框：显示出了可用的表和列

图6-62　将3个工作表的所有字段添加到"查询结果中的列"列表中

步骤06 由于3个工作表都有一列"工号"和"姓名"，因此在"查询结果中的列"列表框中就出现了3个"工号"和姓名。选择多余的2个"工号"和"姓名"，单击 < 按钮，将其移出"查询结果中的列"列表框。

在"查询向导"对话框中还可以调整各列的次序，即在右侧的"查询结果中的列"列表框中选择某个字段，单击右侧的"上移"按钮▲或者"下移"按钮▼即可。

最后调整的结果如图6-63所示。

图6-63 "查询结果中的列"列表框中仅保留一个"工号"和"姓名"

步骤07 单击"下一步"按钮，系统会弹出一个警告对话框，告诉用户"查询向导"无法继续，需要在 Microsoft Query 中拖动字段进行查询，如图6-64所示。

图6-64 "查询向导"无法继续的警告信息框

步骤08 单击"确定"按钮，进入 Microsoft Query 界面。此时可以看到"查询来源自 Excel Files"上下两部分，上面有3个列表框，分别显示了3个工作表的字段，下面是3个工作表全部的数据列表，如图6-65所示。

图6-65 Microsoft Query窗口

步骤09 由于3个工作表的记录是以工号相关联的，因此将某个工作表字段列表框中的字段"工号"拖到其他工作表字段列表框中的字段"工号"上，就将3个工作表通过字段"工号"建立了链接。此时，在 Microsoft Query 查询下方的查询结果列表中就显示出了所有满足条件的记录，如图6-66所示。

步骤10 在下面列表中单击"工号"列的某个数据，在工具栏中单击"升序"或"降序"按钮，将数据表按工号进行排序。

步骤11 在 Microsoft Query 界面中选择"文件"→"将数据返回 Microsoft Office Excel"命令，如图6-67所示。

205

图6-66　通过字段"工号"将3个工作表数据链接起来　　　图6-67　准备将查询的数据导出到Excel表格

步骤12 打开"导入数据"对话框，选中"表"和"新建工作表"单选按钮，单击"确定"按钮，就得到了前面所示的汇总数据。

第 7 章
单元格格式设置的三大法宝

"老师，有一次领导非常严厉地对我说，你做的表格能不能让人看着舒服点，你不觉得这样的表格太难看了吗？"一位学生问道。

领导说表格很难看，其实有两层意思。一是表格外表看起来确实难看了，充满了网格，字体设置得不好，行高列宽也不合适，更要命的是，到处是花花绿绿的颜色，犹如舞台上的生末净旦丑一起上场，再加上鼓点丝弦，那叫一个乱！二是即使表格外表看起来很美，但是内容空洞无物，看了半天不知道这张表到底在表达什么意思。你说，这样的表格领导能满意吗？

也许你掌握了很多函数，也许你做出了很多计算，也许这是你加班加点做的分析报告。但是，做好的汇总分析报告总是要给别人看的，是不是要用点心好好地完善一下？

单元格格式是设计表格的一项重要内容，不仅仅要让表格外表看起来美观，更重要的是数据表达清晰，一眼就能抓到重点信息。正所谓"此处不可随便"是也！

7.1 关于单元格与数据：容易混淆的两个概念

首先要明白：单元格是单元格，数据是数据，两者是截然不同的概念。
单元格是容器，数据是容器里装的东西。

单元格可以设置为各种格式（就是"设置单元格格式"命令），但不论怎么设置，单元格里的数据是永远不变的。

好比一个玻璃瓶子，无论是装水、装酱油还是装蜂蜜，也不管瓶子外面刷绿漆、红漆，或写上字，瓶子里面仍旧是水、酱油，或蜂蜜，并不是瓶子外面刷了漆，瓶子里面的水就变成其他了。

通过"设置单元格格式"命令对单元格所做的任何格式设置，都是在改变单元格本身的格式，从而把单元格里的数字显示为不同的形式（化妆术），但保存在单元格中的数据，仍然是原来的数字，并没有改变。换句话来说，我们改动的是单元格本身，并没有改动单元格里面的数据。

例如，把一个日期通过设置单元格格式，显示为不同的形式，如图 7-1 所示。无论显示成什么格式，单元格里保存的永远是一个数字—42993。

正是因为单元格格式可以任意设置，使得单元格里的数据可以显示为很多不同的显示效果，因此，我们不要认为自己所看到的数据就一定是真的。另一方面，通过这种格式设置，我们可以制作各种重点信息突出的自动化数据分析模板。

图 7-2 所示是通过设置自定义数字格式，将预算差异数和执行率显示为不同的标记符号和颜色。注意，预算差异和执行率是公式计算的结果，并不是一个具体的值，是通过设置自定义数字格式，能够得到任意想要的格式，并不是单元格里的公式发生改变。

图7-1 设置单元格格式，将日期显示为不同的效果

图7-2 对数字设置自定义格式，显示不同的效果

7.2 表格的美化原则、技巧与基本素养

很多人不重视表格的美化，设计的表格宽度不一、行号不一、颜色不一、边框不一、字体不一，让人第一眼就觉得焦躁。这样的表格，缺了韵味，缺了高雅，缺了一种精雕细刻的美。

案例7-1

例如，很多人会把一个表格外观设置为如图 7-3 所示的情形，这样的表格，怎么看都觉得不妥贴。

将这张报表与图 7-4 所示的报表进行比较，你觉得哪个更让人心情舒畅，身心放松？

图7-3 普通的报表样式

图7-4 稍做美化后的报表

表格的整体布局，包括位置安排、网格线、颜色、字体、数字格式等，都需要好好地规划一下，至少让自己每天打开表格时，心情舒畅些吧。

7.2.1 报表显示位置：左侧和顶部要留空

很多人习惯做的一种布局，就是让报表紧挨着左侧的行号和顶部的列标，给人的感觉非常局促和拥挤；如果要把报表复制到PPT或者Word上，会发现有些边框没有了。

最好的处理方式是在表格的左侧和顶部留空，至少留出一个空列和一个空行，并适当调整这个空列的列宽和空行的行高。

7.2.2 边框设置和不显示网格线

表格的边框设置也是需要美感的，绝大多数人会将表格全部设置边框，结果是密密麻麻的网格，看起来很拥挤，表格数据的阅读性很差，如图7-3所示。

一般来说，外边框和合计数用实线，内部框线用淡颜色的虚线。当对单元格设置边框后，最好把工作表的网格线设置为不显示，让工作表的背景是一张白纸，看起来很干净。显示或不显示网格线的功能位于"视图"选项卡中，如图7-5所示。

图7-5 显示或不显示网格线

如图7-6、图7-7所示是两个表格的对比效果。

图7-6 顶格存放，密密麻麻的网格线　　图7-7 左侧和顶部空出一列和一行，适当增加边框，不显示工作表网格线

7.2.3 行高与列宽

工作表默认的行高是 16.5，列宽是 8.11，也可能依计算机设置不同而略有不同。但是，这种默认的行高和列宽，往往需要根据实际情况进行调整，至少调整列宽是必需的。对于行号来说，调整为 18 是比较合适的。

设置行高或列宽的命令在"开始"选项卡的"格式"下拉列表中，如图 7-8 所示。

图7-8　设置行高和列宽

7.2.4 字体和字号设置

一般中文版的 Excel，默认字体都是宋体，不过宋体的数字看起来有点虚。由于每个人的习惯不同，审美不同，采用的字体也不同。就我本人而言，喜欢把字体设置为微软雅黑或者 Arial，而不论是默认的宋体或其他，将字号设置为 10 是比较好的。

7.2.5 数字格式

财务人员，永远不要忘记把金额数字设置为"会计格式"，把销量设置为"普通的带千分位符的数字"（根据实际情况，设置合适的小数点）。

此外，如果金额是比较大的数字，一定要设置为以千元、万元或者百万元为单位，大数字看起来是非常不方便的。关于如何做这样的设置，我们将在后面讲解。如图 7-9、图 7-10 所示是设置显示位数前后的对比效果。

图7-9　很大的数字，不容易查看　　图7-10　以万元为单位显示，查看很清楚

7.2.6 文字往右缩进

对于标题文字来说，大类和明细最好能缩进显示，这样可显示出比较清晰的层次感。可以使用缩进按钮来缩进字符，而不是强制在文字左侧加空格。

缩进按钮位于"开始"选项卡的"对齐方式"组中，如图 7-11 所示。

图7-11　缩进按钮

前面的几个表格示例，我们都使用了缩进的方法，让标题和明细项目名称按层次显示。

7.2.7 背景颜色

对不同功能的区域，适当设置单元格填充颜色是必要的，这样可以更加清楚地显示哪些区域是标题，哪些区域是数字。但是，单元格特别忌讳使用大红大绿的颜色，一般以淡灰色或淡青色最为适宜。

7.2.8 别忘了在顶部写单位

表格的数字是元、千元、万元，还是百万元？别忘了在表格顶部的适当位置加上单位，这是非常重要的。

7.3 法宝1：套用表格格式

有的人不愿意花时间来一行一行、一个单元格一个单元格地设置，希望能有一个比较偷懒的方法来快速设置格式，此时可以套用表格格式。

扫码看视频

7.3.1 套用表格格式在哪里

套用表格格式功能位于"开始"选项卡的"样式"组中，如图7-12所示。

图7-12 套用表格格式

7.3.2 套用表格格式的操作方法

套用表格格式的基本操作方法是：先选择单元格区域，然后单击"套用表格格式"按钮，在弹出的下拉列表（也称表格样式集），选择一个喜欢的样式即可，如图7-13所示。

图7-13 "套用表格样式"下拉列表

单击某个表格样式，就会打开"套用表格式"对话框，如图 7-14 所示。注意，要选中"表包含标题"复选框。

单击"确定"按钮，就得到了一个表格样式，如图 7-15 所示。

套用表格格式后，表格的标题会出现筛选按钮。此时可以设置不显示筛选按钮，只要单击"数据"→"筛选"按钮即可。如图 7-16 所示就是不显示筛选按钮后的表格。

图7-14　"套用表格式"对话框

图7-15　套用表格格式后的表格　　　　图7-16　取消筛选后的表格

此外，还可以重新选择新的样式，只要在表格样式集中选择某个格式即可。

7.3.3 使用单元格样式来强化标题和合计行

强化标题和合计行，可以手工进行设置，也可以套用单元格样式。

选择要强化的区域，比如选择底部的合计行，单击"开始"选项卡下的"单元格样式"按钮，在弹出的单元格样式集中，选择一个样式即可，如图 7-17 所示。

图 7-18 就是对底部的合计行套用单元格样式后的情形。

图7-17　单元格样式集　　　　图7-18　合计行套用单元格样式

7.3.4 如何清除表格格式和单元格样式

清除表格样式的方法是：单击"设计"选项卡中的"套用表格格式"按钮，在弹出的表格样式集中单击单击底部的"清除"按钮即可，如图7-19所示。

如果要清除已经设置的单元格样式，例如清除表格底部合计行的单元格样式，则先选择合计行，再单击"开始"→"清除"按钮，在弹出的下拉列表中选择"清除格式"选项即可，如图7-20所示。

其实，这种方法可以清除任意设置的单元格格式。

图7-19 表格样式集底部的"清除"按钮　　图7-20 清除设置的单元格样式

7.4 法宝2：条件格式

条件格式是Excel中的一个极有用的工具，不仅可以在数据管理方面做到数据异常的提前预警，还可以在现有数据的追踪分析中，随时标注呈现不同变化的数据，从而让报表更加智能化。

7.4.1 条件格式在哪里

所谓条件格式，就是根据指定的条件来设置格式。这样单元格格式会依据表格里的实际条件变化而自动变化。

单击"开始"选项卡下的"条件格式"按钮，展开条件格式命令集，如图7-21所示。根据实际要求，选择相应命令进行设置即可。

7.4.2 突出显示单元格规则：标识大于某类数据

图7-21 条件格式命令集

选择"突出显示单元格规则"命令，会展开该规则下的几种常见情况，如图7-22所示。从中选择相应命令，可以突出显示某类数据。

例如，要把单元格区域内的重复数据标识出来，就选择"重复值"命令，打开"重复值"对话框，然后设置格式即可，如图7-23所示。

在"重复值"对话框中，也可以选择标注唯一值，如图7-24所示。

扫码看视频

图7-22　突出显示单元格规则的几种常见情况

图7-23　标注重复值　　　　图7-24　标注唯一值

7.4.3　最前/最后规则：标识最好或最差的数据

如果想把最好的前5名或者最差的后5名标注出来，可以使用"最前/最后规则"命令来完成。选择该命令，展开该规则下的几种情况，如图7-25所示。

例如，从销售额中标出销售额最大的前5个产品，就选择"前10项"，打开"前10项"对话框，设置项数为5，并设置格式即可，如图7-26所示。

图7-25　最前/最后规则的几种情况　　　　图7-26　标识销售额前5大产品

7.4.4　数据条：标注呈现不同变化的数据

如果想要自动标注很多数据的不同变化程度，可以使用"条件格式"下的"数据条"命令来完成。选择区域，在"条件格式"下拉列表中选择"数据条"命令，就可以自动标注不同数据大小比较的可视化效果，如图7-27所示。

图7-27 "条件格式"下的"数据条"及其显示效果

7.4.5 图标集：标注上升/下降和红绿灯效果

如果要把数据标注出上升/下降和红绿灯的效果，可在"条件格式"下拉列表中选择"图标集"命令，如图7-28所示。

图7-28 "条件格式"下的"图标集"及其显示效果

但是，这种固定的图标并不能满足我们的要求，往往需要重新定义。可根据不同的数据类型和判断标准来设置格式，如图7-29所示。

图7-29 新建格式规则：根据实际情况来设定

案例7-2

本案例就是将同比增长率进行标注：大于 0 的是绿色向上箭头，等于 0 的是黄色水平箭头，小于 0 的是红色向下箭头，则图标集的设置及效果如图 7-30 和图 7-31 所示。

图7-30　大于0的是绿色向上箭头，等于0的是黄色水平箭头，小于零的是红色向下箭头

图7-31　显示效果

特别注意，由于比较的是同比增长率，它们实际上是小数，因此在"新建格式规划"对话框中要选择小数，而不能选择百分比。

还要注意选择正确的比较方式，是大于（>）还是大于或等于（>=），是小于（<）还是小于或等于（<=），只要一个地方没设置好，就出不来想要的效果。

7.4.6　建立提前提醒模型：让数据追踪自动化

财务经理问，一周内哪些客户的应收款要到期了？生产经理对采购经理说，物料库存快不够了，要抓紧进货了啊！人事经理说，这个月谁的合同要到期了，我要提前做好准备。这些场景在表格数据管理中，就是自动跟踪监控的问题，比如合同的提前提醒、应收账款的提前提醒、生日提前提醒、最低库存预警、最低资金持有量预警等。此时，可以使用公式来建立条件格式，实现数据的自动跟踪监控。

案例7-3

图 7-32 所示是一个合同管理表单，现在要把 30 天内即将到期的合同标注出来。

图7-32　合同管理表单

所谓标注 30 天内到期，就是把 D 列的到期日与今天相比较，两者的差值小于等于 30，就是要标记的数据。这样，就可以做如下的条件格式设置。

步骤 01 选择第 4 行开始的数据区域，注意从 A4 单元格往右往下选择区域。

步骤 02 在"条件格式"下拉列表中选择"新建规则"命令，打开"新建格式规则"对话框，如图 7-33 所示。

步骤 03 在"选择规则类型"列表框中选择"使用公式确定要设置格式的单元格"，然后在下面的公式文本框中输入如下公式，如图 7-34 所示。

`=$D4-TODAY()<=30`

再单击对话框右下角的"格式"按钮，打开"设置单元格格式"对话框，为单元格设置相应的格式。

图7-33 "新建格式规则"对话框　　图7-34 设置条件公式和格式

步骤 04 单击"确定"按钮，关闭对话框，就得到了需要的结果，如图 7-35 所示。

图7-35 设置好的条件格式：30天内到期的合同自动标注出来

说明： 这个条件格式设置的例子，仅仅说明条件格式设置的方法和步骤。其实这个例子是不完善的，比如过去的合同怎么办（此时两个日期相减的天数是负数了，也符合小于或等于 30 的条件）？如果要把当天到期的合同单独标出一种颜色怎么办？

这就是多条件情况下的条件格式设置问题。

案例7-4

图 7-36 所示是一个应收账款提前提醒的例子，自动用不同的颜色标注那些需要重点关注的信息。

图7-36 应收账款提前提醒

由于要建立多个条件格式,因此在"条件格式"下拉列表中选择"管理规则"命令,打开"条件格式规则管理器"对话框,如图7-37所示;单击"新建规则"按钮,打开"新建格式规则"对话框。

图7-37 "条件格式规则管理器"对话框

下面是本案例条件格式的设置过程。

步骤01 选择单元格区域 A2:E13。
步骤02 打开"条件格式规则管理器"对话框。
步骤03 先设置过期的条件格式。

- 单击"新建格式"按钮。
- 打开"新建格式规则"对话框。
- 选择"使用公式确定要设置格式的单元格"类型。
- 在公式文本框中输入公式"=$E2<TODAY()"。
- 单击"格式"按钮,设置单元格格式为灰色填充色。
- 设置完毕后关闭此对话框,返回到"条件格式规则管理器"对话框。

步骤04 再设置其他情况的条件格式,方法同上。各条件格式公式如下。

当前到期:

=$E2=TODAY()

7天内到期:

=AND($E2>TODAY(),$E2<TODAY()+7)

30天内到期:

=AND($E2>=TODAY()+7,$E2<TODAY()+30)

完成设置后的"条件格式规则管理器"对话框如图7-38所示。

图7-38 所有条件都设置完毕

7.4.7 使用公式来做条件格式的重要注意事项

上述的"使用公式确定要设置格式的单元格"这个规则类型，重点是如何构建条件公式。因此，有几个非常重要的注意事项要牢记在心。

事项1：条件公式计算的结果必须是逻辑值（TRUE或FALSE）。

因此，要在公式中使用条件表达式，或者使用逻辑函数，或者用 IS 类信息函数。

事项2：正确选择单元格区域。

要正确选择设置格式的单元格区域。如果要从第 2 行设置格式，就从第 2 行往下选择区域，不能不加分析地选择整列。

比如要对单元格区域 B2:B20 的日期设置条件格式，如果日期是今天，单元格字体为加粗黑色。

一般情况下是从上面第一个单元格 B2 开始往下选择区域，但也有人喜欢从下面最后一个单元格 B20 往上选择区域。这两种选区域的方式，在设计公式引用单元格时是完全不同的，前者条件公式为"=B2=TODAY()"，后者条件公式为"=B20=TODAY()"。

一句话，在条件公式中，引用的单元格永远必须是选择区域方向上的第一个单元格！

事项3：绝对引用和相对引用。

比如要对单元格区域 A2:M100 设置条件格式，当 A 列某个单元格有数据，就把该单元格所在行区域设置边框。此时，条件公式为"=$A2<>"""。因为选择了这么大的数据区域 A2:M100，判断的依据总是 A 列的数据，因此 A 列是锁定的，是绝对引用；但每行是一个不同的记录数据，行是变化的，因此行是相对引用的。

因此，在条件公式中，正确设置绝对引用和相对引用是非常重要的，与引用的是哪个单元格一样重要，关系到条件格式是否能达到预期效果。

事项4：大型表格不建议使用条件公式来设置条件格式。

公式意味着计算，意味着牺牲速度，意味着处理数据效率低下：只要在某个单元格一做编辑，所有公式就开始重新计算，有时候 Excel 会出现停止响应。

总结一句话，设置公式判断的条件格式核心点如下。

◎ 如何选区域。
◎ 引用哪个单元格。

219

◎ 绝对引用和相对引用怎么设置。

7.4.8 清除条件格式
选择设置有条件格式的单元格区域，单击条件格式下的"清除规则"命令，可以将选定区域的条件格式全部清除。

7.5 法宝3：自定义数字格式

在数据分析表格中，经常需要将那些重点关注的数字用颜色标注出来，很多情况下，这种标注是手工的，是用眼睛查找的，无法根据实际数据的变化而自动更新。

例如，在预算分析中，预算执行差异的大小、预算内还是预算外，这种差异的自动标识尤为重要，因为它让我们一眼看出异常数字，进而驱动我们去寻找造成这种异常的原因及其解决方案。

还可以使用自定义数字格式来对数字的格式进行自定义设置，增强数字的阅读性。

7.5.1 设置自定义数字格式的基本方法

使用Excel的自定义数字格式，可以在不改变数字本身的情况下，把数字显示为任意的格式，这本身其实是设置单元格的自定义格式。

自定义数字格式是在"设置单元格格式"对话框中进行的，如图7-39所示。设置数字自定义显示格式的主要步骤如下。

步骤01 先选取设置自定义格式的单元格区域。

步骤02 打开"设置单元格格式"对话框。

步骤03 在"分类"列表框中选择"自定义"，在"类型"文本框中输入自定义数字格式代码。

步骤04 单击"确定"按钮，关闭对话框。

图7-39 自定义数字格式

如果输入的自定义数字格式代码正确，就会在类型上面的"示例"框架内显示出正确的显示样式；如果输入的自定义数字格式代码错误，就不会在上面的"示例"框架内显示出任何样式。因此，通过"示例"框架中的显示内容，可以判断输入的自定义数字格式代码是否正确。

7.5.2 数字自定义格式代码结构

数字的自定义格式代码最多为如下 4 部分。

- 第 1 部分为正数。
- 第 2 部分为负数。
- 第 3 部分为零。
- 第 4 部分为文本。

这 4 部分之间用分号隔开，如下所示。

正数；负数；零；文本

如果在格式代码中只指定两节，则第一部分用于表示正数和零，第二部分用于表示负数。如果在格式代码中只指定了一节，那么所有数字都会使用该格式。如果在格式代码中要跳过某一节，则对该节仅使用分号即可。例如，把正数、负数都缩小 1000 倍，并且显示两位小数点，零值还显示为 0，那么自定义数字格式代码为：

```
0.00,;-0.00,;0
```

7.5.3 缩小位数显示数字

当表格的金额数字很大时，既不便于查看数据，又影响表格的美观。这时，可以把数字缩小位数显示（并没有改变数字大小），使得数字看起来更清晰。

例如，单元格中的数字是 13 596 704.65，缩小 100 万倍显示就是 13.60，但单元格中的数字仍为 13 596 704.65。这样使得报表既便于查看数据，又美观，也不影响数据处理与分析。缩小位数显示的数字，也遵循四舍五入的规则。

表 7-1 所示是不同的缩小位数显示数字的格式代码。感兴趣的读者可使用这些自定义格式代码对表格的数字进行自定义格式设置。

表 7-1　缩小位数显示数字的格式代码

缩 小 位 数	自定义格式代码	原 始 数 字	缩位后显示
缩小 1 百位	0"."00	1034765747.52	10347657.48
缩小 1 千位	0.00,	1034765747.52	1034765.75
缩小 1 万位	0!.0,	1034765747.52	103476.6
缩小 10 万位	0!.00,	1034765747.52	10347.66
缩小 100 万位	0.00,,	1034765747.52	1034.77
缩小 1000 万位	0!.0,,	1034765747.52	103.5
缩小 1 亿位	0!.00,,	1034765747.52	10.35
缩小 10 亿位	0.00,,,	1034765747.52	1.03

此外，在自定义格式代码中，还可以在格式代码前面或者后面加上各种货币符号、说明文字、特殊符号。

例如，数字 1 034 765 747.52 缩小 1 千位显示，就可以有很多种情况的组合。也可以显示千分位符，显示小数点位数等，如表 7-2 所示。显示千分位符的格式代码是：#,##，显示小数点的代码是 0.00（假设显示两位小数）。

表 7-2　数字 1034765747.52 缩小 1 千位显示的各种组合

自定义格式代码	显 示 效 果
0.00,	1034765.75
$0.00,	$1034765.75
￥0.00,	￥1034765.75
#,##0.00,	1034765.75
$#,##0.00,	$1034765.75
#,##0.00, 千美元	1034765.75 千美元
▲ #,##0.00,	▲ 1034765.75

7.5.4　将数字显示为指定的颜色，并添加标识符号

在 Excel 自定义数字格式代码中，还可以根据条件，把数字设置为指定的颜色。能够设置字体颜色的是下面 8 种颜色之一：[黑色][绿色][白色][蓝色][洋红色][黄色][蓝绿色][红色]，这些颜色名称必须用方括号"[]"括起来。

如果使用的是英文版本，则需要把方括号中的颜色汉字名称改为颜色英文名称，如"蓝色"和"红色"分别改为 Blue 和 Red。

在数字的前面，也可以添加各种标识符号，如上箭头、下箭头，以便醒目地标识要重点关注的数字。不过要注意，某些特殊字符无法直接输入到"单元格格式"对话框的"类型"文本框中，因此最好是先在某个地方把该自定义代码写好，然后再将这个代码字符串复制粘贴到单元格格式对话框的"类型"文本框里。

1. 绝对数字的显示

例如，把数字显示为下面的效果，如图 7-40 所示。

（1）正数显示为红色，前面加上三角符号▲。

（2）负数显示为蓝色，前面加下三角符号▼，不再显示负号。

（3）零值显示为横杠 -。

（4）都缩小 1 万倍显示。

格式代码为：

▲[红色]0!.0,;▼[蓝色]0!.0,;-

	A	B	C	D	E
1					
2		原始数据		自定义格式	
3		37543.34		▲3.8	
4		0		-	
5		-3004108.22		▼300.4	
6		-184842.00		▼18.5	
7		18475839.23		▲1847.6	
8		0		-	
9		99385.00		▲9.9	
10		-485839.43		▼48.6	
11					

图7-40　将数字显示为指定的颜色，添加上下三角符号，并缩小1万倍显示

2. 百分比数字的显示

假若表格的数字是百分比，就需要使用百分比的格式来自定义百分比数字了。

`0.00%;-0.00%;0.00%`

案例7-5

图7-41所示是各个产品的同比分析数据，由于数据以元为单位，数字很大，显得很乱。

图7-41 原始数据：很乱

现在要求设置如下的数字格式。

- 把C列和D列的两年销售额缩小1万倍显示，自定义格式为：0!.0,;0!.0,;0。
- 把E列的同比增减额显示如下的格式。
    - 缩小1万倍。
    - 正数显示向上三角符号▲，蓝色字体。
    - 负数显示向下三角符号▼，红色字体。
    - 自定义数字格式为：[蓝色] ▲ 0!.0,;[红色] ▼ 0!.0,;0。
- 把F列的同比增长率显示为如下的格式。
    - 仍为2位小数点的百分数。
    - 正数显示向上三角符号▲，蓝色字体。
    - 负数显示向下三角符号▼，红色字体。
    - 自定义数字格式为：[蓝色] ▲ 0.00%,;[红色] ▼ 0.00%,;0.00%。

这样，设置格式后的表格如图7-42所示。

图7-42 自定义数字格式：清晰

7.5.5 使用条件判断设置数字自定义格式

在自定义格式代码中，还可以对数字大小进行比较判断，也就是设置条件表达式，根据判断的结果来设置数字的格式。这里需要注意的是，条件表达式要用方括号括起来。

案例7-6

图7-43所示是预算执行分析的示例数据,预算差异有正有负,执行率都是正的百分数。

	A	B	C	D	E	F
1						
2		费用	预算	实际	差异	执行率
3		办公费	733861.32	698797.31	-35064.01	95.22%
4		差旅费	442738.75	495097.12	52358.37	111.83%
5		招待费	127745.10	96315.55	-31429.55	75.40%
6		租费	3671440.53	7312835.12	3641394.59	199.18%
7		交通费	742026.67	367616.40	-374410.27	49.54%
8		水电费	434111.25	403929.13	-30182.12	93.05%
9		广告费	478726.31	507087.13	28360.82	105.92%
10		合计	6630649.93	9661677.77	3251027.84	145.71%

图7-43　原始数据显得很零乱

这里,要求把预算差异和执行率显示为如下的效果。

- 金额数字。
  - ◆ 都缩小1000倍。
  - ◆ 保留2位小数点。
  - ◆ 显示千分位符。
  - ◆ 数字0显示为减号。
- 差异值。
  - ◆ 正数显示为红色字体,左边添加上箭头。
  - ◆ 负数不显示负号,显示为蓝色字体,左边添加下箭头。
  - ◆ 零值显示为减号。
- 执行率。
  - ◆ 大于100%的设置红色字体,仍按0.00%的格式显示,前面添加上箭头。
  - ◆ 小于100%的设置蓝色字体,仍按0.00%的格式显示,前面添加下箭头。
  - ◆ 零值显示为减号。

这样,自定义格式代码如下。

- C列和D列的预算数和实际数:

`#,##0.00,;#,##0.00,;-`

- E列的差异数:

`↑ [红色]#,##0.00,;↓ [蓝色]#,##0.00,;-`

- E列的执行率:

`↑ [红色][>=1]0.00%,;[<1] ↓ [蓝色]0.00%,;-`

显示效果如图7-44所示。

	A	B	C	D	E	F
1						
2		费用	预算	实际	差异	执行率
3		办公费	733.86	698.80	↓ 35.06	↓ 95.22%
4		差旅费	442.74	495.10	↑ 52.36	↑ 111.83%
5		招待费	127.75	96.32	↓ 31.43	↓ 75.40%
6		租费	3,671.44	7,312.84	↑ 3,641.39	↑ 199.18%
7		交通费	742.03	367.62	↓ 374.41	↓ 49.54%
8		水电费	434.11	403.93	↓ 30.18	↓ 93.05%
9		广告费	478.73	507.09	↑ 28.36	↑ 105.92%
10		合计	6,630.65	9,661.68	↑ 3,251.03	↑ 145.71%

图7-44　设置格式后表格重点突出

7.6 特殊问题：自定义日期和时间格式

日期和时间是 Excel 的特殊数据，实质上也是数字。可以将表格中的日期和时间设置成各种需要的格式，从而使表格看起来更加清楚、更加容易阅读。

7.6.1 设置日期格式技巧

设置日期格式是在"设置单元格格式"对话框中进行的，除了在"分类"中套用一些日期的固定格式外，还可以自定义日期格式，即选择"自定义"，然后在"类型"文本框中输入格式代码，就可得到指定的格式，如图 7-45 所示。

扫码看视频

图7-45　设置日期的自定义格式

在设置日期的自定义格式时，记住如表 7-3 所示的日期格式代码，然后就可以任意组合这些代码，得到需要的效果。

表 7-3　日期格式代码示例

格式代码	原　日　期	显　示　结　果
y 或 yy	2018-2-8	18
yyy 或 yyyy	2018-2-8	2018
m	2018-2-8	2
mm	2018-2-8	02
mmm	2018-2-8	Feb
mmmm	2018-2-8	February
d	2018-2-8	8
dd	2018-2-8	08
ddd	2018-2-8	Thu
dddd	2018-2-8	Thursday
Aaa	2018-2-8	四
aaaa	2018-2-8	星期四

图 7-46 就是利用自定义日期格式，自动输入考勤表的表头具体要求如下。

◎ 第 1 行的自定义格式：

yyyy年m月 考勤表

◎ 第 2 行的自定义格式：

225

d。
◎ 第 3 行的自定义格式：
aaa。

图7-46　通过自定义日期格式，制作动态的考勤表表头

7.6.2　超过 24 小时的时间怎么不对了

这是一个让很多人都不明白的问题，如图 7-47 所示。总加班时间应该是 31:35，也就是 31 小时 35 分钟，怎么变成了 7 小时 35 分钟？

其实这不奇怪，因为 Excel 处理日期和时间的基本单位是天（前面已介绍），时间是作为天的一部分来处理的。图7-47　总加班时间似乎不对
如果不够 24 小时，就正常显示时间；如果超过了 24 小时，超过的部分就会进位，然后把不足 24 小时的时间按照正常的格式显示。

为了能够正常显示时间，不让超过 24 小时的时间进位到天，需要使用如下的自定义格式：

[h]:mm

如图 7-48、图 7-49 所示，就是这种设置的方法和效果。

图7-48　设置时间的自定义显示格式，不让小时进位到天

图7-49　设置时间自定义格式的前后对比

第 8 章
从原始数据到汇总分析报告

自始至终，Excel 的应用都充满了逻辑思路的指导。即使是一个小技巧，也有其应用的场合和逻辑。本书一直贯彻着这样一个理念：Excel 是有规律可循的，依照方法做表格，依照方法写报告。

学习 Excel 的目的是为了用 Excel 来解决问题。学了一堆技巧不知如何从头来设计基础表单，学了一堆函数不知如何做数据分析报告，这样的学习是无效的。

本章给大家提供两个非常典型的实际应用案例，通过这两个案例来进一步复习巩固前面学到的技能，并尝试做出基本的统计分析报告。

8.1 实战测验1：指纹考勤数据统计分析

现在，几乎每家企业都安装了考勤打卡机，不论是刷卡还是指纹。每个月都是从考勤机中导出一个月的考勤打卡记录数据，然后开始整理、统计。很多主管考勤统计的 HR 每个月都要辛苦好几天：整理、整理、再整理，计算、计算、再计算，辛苦自不必说，往往是最后才发现统计错了，只好从头再来一遍。

考勤数据并不是你想象的那样复杂和困难，之所以觉得很费劲，是因为你没有掌握考勤数据的规律，只要遵循这些规律，利用 Excel 工具和几个函数，就能在半小时之内搞定几百几千个人的考勤数据统计汇总。

遗憾的是，现在很多人对 Excel 的基本规则不了解，对 Excel 的常用工具不熟悉，对 Excel 常用函数不会使用，更要命的是，考勤数据的统计汇总充满了逻辑判断，而很多 HR 考勤统计员，缺乏对数据的阅读理解和逻辑判断能力的训练。

8.1.1 考勤数据示例

案例8-1

图 8-1 所示是从指纹考勤机导出的原始考勤数据，现在要对每个人的考勤进行统计分析，例如本月迟到次数、迟到分钟数；早退次数，早退分钟数；未签到次数；未签退次数。

公司的出勤早晚两次打卡制度，出勤标准是 8:30—17:30。

图8-1 从指纹考勤机导出的考勤数据

8.1.2 阅读表格，理解数据，找出思路

首先观察 D 列的日期时间，日期和时间保存在了一个单元格里，这样的数据无法进行计算判断，必须先分列。

而刷卡时间，可能就一次刷卡，也可能是多次刷卡；可能只有上班刷卡时间（一次或多次），也可能只有下班刷卡时间（一次或多次），这样，必须先判断出哪些时间是签到时间，哪些是签退时间。

8.1.3 分列日期和时间

考勤统计的第 1 步是整理考勤数据，也就是将日期及各次的刷卡时间分成几列保存。由于日期和各个刷卡时间之间是空格隔开的，因此这个处理使用分列工具即可完成。分列完成后的情况如图 8-2 所示。

图8-2 分列日期和时间

8.1.4 将多次刷卡时间处理为两次时间

公司是早晚两次打卡制度，时间是有大小的，因此先用 MIN 函数和 MAX 函数从这些时间里取出最小值和最大值，如果某天只刷了一次卡，取出的最大值和最小值是一样的，如图 8-3 所示。

计算公式如下：

◎ 单元格 I2：

```
=MIN(E2:H2)
```

- 单元格 J2：

```
=MAX(E2:H2)
```

图8-3　从多次刷卡时间中取出最小值和最大值

8.1.5　判断是签到时间还是签退时间，是否未签到或未签退

取出最小值和最大值后，如果只有一次刷卡，那么两个单元格的时间是一样的，要么仅仅是早刷卡，要么仅仅是晚刷卡。

如果只有早刷卡，而没有晚刷卡，就是没有签退；如果只有晚刷卡，而没有早刷卡，就是没有签到。

如果早晚都刷卡了，那么两个单元格的时间是不一样的，一个是早刷卡，另一个就是晚刷卡了。

我们可以制定一个规则：如果在下午 2 点以前刷卡的，都算签到时间（因为有可能是中午吃完饭才来上班的），那么就可以根据刷卡时间是这个标准时间之前或之后，来判断是签到时间还是签退时间了。判断公式如下：

- 单元格 K2：

```
=IF(I2<14/24,I2,"未签到")
```

- 单元格 L2：

```
=IF(J2>=14/24,J2,"未签退")
```

最后的处理结果如图 8-4 所示。

图8-4　得到了签到和签退数据

229

8.1.6 计算迟到分钟数和早退分钟数

有了签到时间和签退时间，就可以对这个数据进行进一步的统计分析。例如，统计每个人这个月的迟到次数，迟到分钟数；早退次数，早退分钟数；是否未签到或者未签退等。

再做两个辅助列，计算迟到和早退分钟数，得到一个最终的考勤数据统计底稿。

计算公式如下：

◎ 单元格 I2：

=IF(K2=" 未签到 "," 未签到 ",IF(K2>8.5/24,INT((K2-8.5/24)*24*60),""))

◎ 单元格 J2：

=IF(L2=" 未签退 "," 未签退 ",IF(L2<17.5/24,INT((17.5/24-L2)*24*60),""))

结果如图 8-5 所示。

图8-5　考勤初步统计结果

8.1.7 统计每个员工本月的出勤情况

根据 M 列和 N 列的处理结果，设计每个员工考勤统计报表，就可得到每个员工在本月的考勤情况，如图 8-6 所示。各单元格公式如下：

◎ 单元格 D4：

=SUMIF(整理 !B:B,B4, 整理 !M:M)

◎ 单元格 E4：

=COUNTIFS(整理 !B:B,B4, 整理 !M:M," 未签到 ")

◎ 单元格 F4：

=SUMIF(整理 !B:B,B4, 整理 !N:N)

◎ 单元格 G4：

=COUNTIFS(整理 !B:B,B4, 整理 !N:N," 未签退 ")

图8-6　员工考勤统计分析

8.1.8 本节案例总结

- 阅读表格，搞清楚数据的结构和逻辑，寻找解决方法。
- 使用分列工具，将堆在一起的日期和时间分开。
- 使用最小值和最大值函数提取最早时间和最晚时间。
- 使用嵌套 IF 函数来处理签到和签退情况。
- 使用 COUNTIFS 函数来统计未签到和未签退次数。
- 使用 SUMIFS 函数来计算迟到分钟数和早退分钟数。

这个例子中，使用的函数并不多，都是最最常用的函数。IF 函数都用过，COUNTIFS 函数也都用过，SUMIF 函数更是都用过，但为什么很多做考勤统计的朋友，做起来那么费劲呢？

一个原因就是：缺乏逻辑思路。

当然，这个案例还是比较简单的，实际中还有更加复杂的考勤处理问题，例如一天4次刷卡、三班倒刷卡、四班刷卡等，但不论何种情况，一定要寻找逻辑思路。

8.2 实战测验2：销售统计分析

企业的收入来源于销售或服务，那么，对销售进行分析就变得非常重要了。今年销售完成的情况如何？目标达成没有？有多大的差异？原因是什么？前10大客户是哪些？产品贡献如何？与去年相比如何？等等。

本小节用一个简单的销售数据来说明如何使用 Excel 最高效的工具，完成基本的销售统计分析。

8.2.1 示例数据

案例8-2

销售分析的数据来源是从系统导出的，如图 8-7 所示。

图8-7 上半年销售明细

8.2.2 阅读表格，确定任务

面对手里的这张表格，要做什么？要给领导提交什么样的报告？

- A 列是明细日期，领导会要求制作月度的统计报表，此时，由于产品的计量单位不一样，因此在制作月度汇总报告时，需要使用销售额作为评价指标。

- B列是客户，需要对各个客户的销售额进行排名分析，找出前10大客户，此时也是用销售额作为评价指标。
- 当发现某个客户销售额最好或最差时，需要了解该客户的产品结构，销售额最高的原因是什么？具体销售了哪些产品？这些产品中哪个产品比重最大？
- C列是业务员，毫无疑问是对每个业务员的业绩进行排名。
- E列是产品，需要了解企业销售额中，哪些产品是销售最好的，哪些是比较差的。同时，还要考虑每个产品的月度销量变化情况，每个月的价格变化情况。
- 其他分析。

8.2.3 分析上半年的总体销售情况

以这个数据为基础，制作一个数据透视表，并将日期按月组合，汇总计算销售额，将销售额数字缩小1万倍显示，然后再插入一个透视图，将各月销售额可视化，就得到了如图8-8所示的分析报告。

图8-8 上半年各月销售额统计

这个报告，我们使用了以下技能。
- 数据透视表：基本制作方法，组合日期。
- 自定义数字格式：以万元显示销售额。
- 透视图：柱形图。

8.2.4 分析各个客户上半年各月的销售额

将上述的透视表复制一份（复制整个工作表即可），然后插入一个切片器，用于快速选择客户。

但要注意，某些客户可以某个月没有销售数据，这样的话透视表就不再显示该月数据，如图8-9所示。这样的报表结构是不合理的，应该完整显示所有月份。

图8-9 当某个客户某个月没有销售时，该月份就不显示了

这种显示是数据透视表默认的，不过可以设置字段月份来显示无数据的月份名称，方法是：在月份列单击右键，执行"字段设置"命令，打开"字段设置"对话框，切换到"布局和打印"选项卡，选择"显示无数据的项目"复选框，如图 8-10 所示。

这样，数据透视表就变为了如图 8-11 所示的情形。

图8-10　设置字段，显示字段下无数据的项目　　　图8-11　月份完成显示出来了

但是，这个报告仍然非常难看，因此需要从字段"月份"里筛选掉其他项目，仅保留 1～6 月的名称。经过调整后，就得到了如图 8-12 所示可以查看任意客户各月销售的统计分析报表。

图8-12　查看任意客户各月销售的统计分析报表

这个报告用到了以下技能。
◎ 复制透视表，没必要再重新做一个。
◎ 使用切片器，快速选择客户。
◎ 设置字段，显示无数据项目。
◎ 透视图：柱形图。

8.2.5　分析各个产品上半年各月的销售额

将上面的客户分析报告工作表复制一份，插入切片器，选择产品，删除客户切片器，就得到了如图 8-13 所示的分析报告。

只看销售额是不够的，还要看各月销量的情况。将本表的透视表复制一份，值字段换成销量，然后插入透视图，美化之。然后重新布局工作表上的报表和图表，可得到如图 8-14 所示的分析指定各月产品销量和销售额的报告。

233

图8-13　查看任意产品各月销售的统计分析报表　　图8-14　分析指定产品各月销售量和销售额

这个报告，使用了以下技能。
- 复制透视表，没必要再重新做一个。
- 使用切片器，一个切片器控制两个透视表，并快速选择产品，并把切片器设置为横向 5 列显示。

8.2.6　客户排名分析

将透视表复制一份，以客户为分类，以销售额为汇总字段，并将销售额进行降序排序，从客户中筛选前 10 大客户，然后插入一个透视图，就得到了如图 8-15 所示的报告。

但是，领导可能问你，这前 10 大客户，每个客户的销售额占公司销售总额的比例是多少？合计起来占公司销售总额的比例是多少？

这样的报告也可以使用透视表来解决，不过比较麻烦，报告也不好看。这里，使用辅助列的方法来做，也就是在透视表的右边（这里是 D 列）插入一个占比计算列，单元格 D4 的计算公式如下：

=C4/SUM(上半年销售数据!G:G)

图8-15　上半年销售额前10大客户

最后的报告如图 8-16 所示。

图8-16 前10大客户排名分析及占比分析

8.2.7 分析指定客户下的产品结构

当了解了前 10 大客户的情况后，领导或许会接着问，客户 07 都销售了什么产品？每个产品的占比是多少？哪个产品占比最大？客户 20 呢？客户 23 呢？……

将透视表复制一份，以产品为类别，拖两个销售额，一个为销售额实际数，一个显示占比，并插入一个切片器用于选择客户。利用销售额绘制普通的饼图，最后的报告如图 8-17 所示。

图8-17 分析指定客户下的产品销售结构

8.2.8 业务员排名

业务员排名分析与客户排名分析是一样的。复制一份透视表，以业务员为类别，以销售额为汇总计算，再绘制透视图，得出如图 8-18 所示的分析报告。

图8-18 业务员业绩排名

8.2.9 产品销售排名

图 8-19 所示是产品销售排名分析报告,这个销售额报告制作很简单,与客户排名和产品排名分析是一样的。

存货名称	销售额	占比
产品2	3144.7	49.4%
产品1	2465.4	38.7%
产品4	326.1	5.1%
产品3	299.7	4.7%
产品5	126.5	2.0%
总计	6362.4	100.0%

2018年上半年产品销售额排名
- 产品2: 3144.7
- 产品1: 2465.4
- 产品4: 326.1
- 产品3: 299.7
- 产品5: 126.5

图8-19 产品销售额排名

8.2.10 本节案例总结

- 阅读表格,确定要分析什么。
- 数据分析是有很强的逻辑性的。
- 大部分的流水数据,使用数据透视表是最简单的。
- 使用数据透视表的数据分析功能。
- 使用切片器筛选分析数据。
- 数据透视图并不复杂,插入图表即可,但要隐藏图标上的字段按钮。

本案例几乎没使用函数,数据透视表就足够了。但是实际工作中,很多人尽管会使用数据透视表,但为什么还是不会数据分析?

一个原因就是:缺乏数据分析的逻辑思路。

当然,这个案例也是比较简单的,实际中还要分析更多的销售数据,如销售预算分析、同比分析、量价分析、价值树分析、本量利分析、毛利分析、地区分析、市场分析和客户流动分析,限于篇幅,本书不再叙述。